电工中级（四级）

职业技能等级认定培训教程

张凤杰　刘　岩◎主　编

周　硕　孟祥海◎副主编

李　兵◎主　审

中国铁道出版社有限公司

2023年·北京

内 容 简 介

本书以《国家职业技能标准 电工（2018 年版）》和职业技能等级认定命题规范为依据，运用了知识性和实用性相结合的编写思路，按照岗位培训需要的原则进行组织编写。全书由三部分组成：第一部分为理论知识考试指导，每章均由理论知识和理论试题两部分构成；第二部分为操作技能考试指导，每章均由操作技能理论基础和操作技能练习题两部分构成；第三部分为模拟试卷，包含一套理论考核模拟试卷和一套操作技能考核模拟试卷。

本书可作为高等职业学校机电一体化技术、智能控制技术、智能制造装备技术、电气自动化技术等专业和中等职业技术学校机电一体化技术、电气自动化技术等相关专业的电工职业技能等级认定培训教材，也可作为电工现场工程技术人员的培训教材或参考资料。

图书在版编目（CIP）数据

电工中级（四级）职业技能等级认定培训教程/张凤杰,刘岩
主编 . —北京:中国铁道出版社有限公司,2023.11
ISBN 978-7-113-30472-0

Ⅰ.①电… Ⅱ.①张… ②刘… Ⅲ.①电工技术-职业技能-鉴定-教材 Ⅳ.①TM

中国国家版本馆 CIP 数据核字（2023）第 151384 号

书　　名：电工中级（四级）职业技能等级认定培训教程
作　　者：张凤杰　刘　岩

策　　划：吕继函
责任编辑：吕继函　　　编辑部电话：(010)51873205　　电子邮箱：312705696@qq.com
封面设计：高博越
责任校对：苗　丹
责任印制：赵星辰

出版发行：中国铁道出版社有限公司(100054,北京市西城区右安门西街 8 号)
网　　址：http://www.tdpress.com
印　　刷：天津嘉恒印务有限公司
版　　次：2023 年 11 月第 1 版　2023 年 11 月第 1 次印刷
开　　本：787 mm×1 092 mm 1/16　印张：11.5　字数：295 千
书　　号：ISBN 978-7-113-30472-0
定　　价：30.00 元

前　言

当前,我国正在由制造大国向制造强国挺进,伴随着产业转型升级,对应用技术型人才、技能型人才的需求越来越迫切。为了进一步弘扬工匠精神,加大技能人才培养的力度,技能人员水平的评价已由政府认定转变为社会化等级认定,并接受市场和社会认可与检验。

职业技能等级认定工作自在全国开展以来,其证书已逐步成为就业的通行证,是通向就业之门的"金钥匙",参加职业技能等级认定的技术人员也日益增多。为了规范从业者的从业行为,引导职业教育培训的方向,为职业技能鉴定提供依据,立足培育工匠精神和精益求精的敬业风气,人力资源和社会保障部组织有关专家,制定了《国家职业技能标准　电工(2018 年版)》(以下简称《标准》)。

本书以《标准》和职业资格鉴定命题规范为依据,针对职业资格鉴定特征和考核内容,采用了知识性和实用性相结合的编写原则,将考点分为十章分别进行讲解,同时精选练习题,着重提高鉴定考核对象的理论知识和实际操作技能水平。本书由三部分组成:第一部分为理论知识考试指导,每章均由理论知识和理论试题两部分构成,重点介绍《标准》中要求掌握的知识点;第二部分为操作技能考试指导,每章均由操作技能理论基础和操作技能练习题两部分构成,重点介绍《标准》中要求掌握的操作技能的知识点;第三部分为模拟试卷,包含一套理论考核模拟试卷和一套操作技能考核模拟试卷,让学习者如亲临考场,增加学习者实战经验。

本书由辽宁轨道交通职业学院张凤杰、刘岩任主编;辽宁轨道交通职业学院周硕、孟祥海任副主编;辽宁轨道交通职业学院李兵任主审。参加编写的还有辽宁轨道交通职业学院李斌。其中,刘岩编写了第一章、第三章、第四章和第九章;张凤杰编写了第二章、第五章的第一节至第四节及理论试题精选 8、第七章;周硕编写了第五章的理论试题精选 9 和第三部分;孟祥海编写了第八章和第十章;李斌编写了第六章。

本书为校企合作教材,沈阳地铁集团有限公司运营分公司杨洪庆对书中操作技能的内容给出了建议和指导,在此表示衷心的感谢。

编者在编写过程中参阅了相关手册、图册、规范及技术资料等,在此向原作者致以衷心的感谢。此外,在本书编写过程中,得到了辽宁轨道交通职业学院智能制造学院同仁的大力支持,同时企业专家结合现场实践对章节的设计和规划提出了宝贵意见,在此一并表示衷心感谢。

由于编者水平有限,经验不足,本书在编写过程中难免有不当或疏漏之处,敬请广大读者批评指正。

编 者

2023 年 4 月

● 目录

第一部分　理论知识考试指导

第二部分　操作技能考试指导

第三部分　模拟试卷

第一部分 01

理论知识考试指导

　　理论知识考试采用笔试或机考,主要考核拟从业人员从事本职业应掌握的基本要求和相关知识要求。本书将《标准》中要求的考核知识点整合划分成七章,每章又根据具体的知识点划分为若干节。学习者应结合《标准》按照章节的顺序进行系统地复习,完成相应的理论试题。理论考试考试题是从题库中抽取 100 道题,其中 80 道选择题,20 道判断题,每道题 1 分,满分为 100 分,成绩达 60 分(含)以上者为合格。

第一章
职业道德与相关法律

　　职业道德是从业人员在执业活动中应遵循的行为准则,涵盖了从业人员与服务对象、职业与员工、职业与职业之间的关系。《新时代公民道德建设实施纲要》里要求推动践行以爱岗敬业、诚实守信、办事公道、热情服务、奉献社会为主要内容的职业道德,鼓励人们在工作中做一个好建设者。因此,认真学习和了解职业道德的基本知识,对电工的从业人员的成长与发展具有重要意义。

学习目标

1. 熟悉职业道德的基本知识。
2. 熟悉电工的职业守则。
3. 熟悉相关的法律法规知识。

第一节　职业道德与职业守则

一、职业认知

(一)电工职业的定义

　　《标准》以《中华人民共和国职业分类大典(2022年版)》为依据,以"职业活动为导向、职业技能为核心"为指导思想,对电工从业人员的职业活动内容进行规范细致描述,对各等级从业者的技能水平和理论知识水平进行了明确规定。

　　电工就是使用工具、量具和仪器、仪表,安装、调试与维护、修理机械设备电气部分和电气系统线路及器件的人员。

(二)电工的职业能力特征及职业技能等级

　　电工应具有一定的学习理解能力、观察判断推理能力和计算能力,手指和手臂灵活,动作协调,无色盲。《标准》依据有关规定将本职业分为五级/初级工、四级/中级工、三级/高级工、二级/技师和一级/高级技师五个等级。

二、职业道德

(一)职业道德的内涵

　　职业道德是从事一定职业的人们在职业活动中应该遵循的,依靠社会舆论、传统习惯和内心信念来维持的行为规范的总和。它调节从业人员与服务对象之间、从业人员之间、从业人员与职业之间的关系，是职业或行业范围内的特殊要求，也是社会道德在职业领域的具体体现。

（二）职业道德的基本要素

职业道德的基本要素包括职业理想、职业态度、职业义务、职业纪律、职业良心、职业荣誉和职业作风。

1. 职业理想

职业理想即人们对职业活动目标的追求和向往，是人们的世界观、人生观、价值观在职业活动中的集中体现。职业理想是形成职业态度的基础，也是实现职业目标的精神动力。

2. 职业态度

职业态度即人们在一定社会环境的影响下，通过职业活动和自身体验所形成的、对岗位工作的一种相对稳定的劳动态度和心理倾向。职业态度是从业者精神境界、职业道德素质和劳动态度的重要体现。

3. 职业义务

职业义务即人们在职业活动中自觉地履行对他人、社会应尽的职业责任。我国的每一位从业者都有维护国家、集体利益，为人民服务的职业义务。

4. 职业纪律

职业纪律即从业者在岗位工作中必须遵守的规章、制度、条例等职业行为规范。例如，国家公务员必须廉洁奉公、甘当公仆，公安、司法人员必须秉公执法、铁面无私等。这些规定和纪律要求，是从业者做好本职工作的必要条件。

5. 职业良心

职业良心即从业者在履行职业义务中所形成的对职业责任的自觉意识和自我评价活动。人们所从事的职业和岗位的不同，其职业良心的表现形式也往往不同。例如，商业人员的职业良心是"诚实无欺"，医生的职业良心是"救死扶伤，治病救人"。从业人员能做到这些，内心就会得到安宁；反之，内心则会产生不安和愧疚感。

6. 职业荣誉

职业荣誉即社会对从业者职业道德活动的价值所做出的褒奖和肯定评价，以及从业者在主观认识上对自己职业道德活动的一种自尊、自爱的荣辱意向。当一个从业者职业行为的社会价值赢得社会公认时，就会由此产生荣誉感；反之，就会产生耻辱感。

7. 职业作风

职业作风即从业者在职业活动中表现出来的相对稳定的工作态度和职业风范。从业者在职业岗位中表现出来的尽职尽责、诚实守信、奋力拼搏、艰苦奋斗等，都属于职业作风。职业作风是一种无形的精神力量，对从业者所从事事业的成功具有重要作用。

（三）职业道德的特征

职业道德作为职业行为的准则之一，与其他职业行为准则相比，体现出以下特征。

1. 鲜明的行业性

行业之间存在差异，各行各业都有特殊的道德要求。例如，商业领域对从业者的道德要求是"买卖公平，童叟无欺"，会计行业的职业道德要求是"不做假账"，驾驶员的职业道德要求是"遵守交规，文明行车"。这些都是职业道德行业性特征的表现。

2. 适用范围上的有限性

一方面,职业道德一般只适用于从业人员的岗位活动;另一方面,不同的职业道德之间也有共同的特征和要求,存在共通的内容,如敬业、诚信、互助等,但在某一特定行业和具体的岗位上,必须有与该行业、该岗位相适应的具体的职业道德规范。这些特定的规范只在特定的职业范围内起作用,只能对从事该行业和该岗位的从业人员起到指导和规范作用,而不能对其他行业和岗位的从业人员起作用。例如,律师的职业道德要求他们必须努力为其当事人进行辩护,而警察的职业道德则要求他们尽力去搜寻犯罪嫌疑人的犯罪证据。可见,职业道德的适用范围不是普遍的,而是特定的、有限的。

3. 表现形式的多样性

职业领域的多样性决定了职业道德表现形式的多样性。随着社会经济的高速发展,社会分工将越来越细,越来越专,职业道德的内容也必然千差万别。各行各业为适应本行业的行业公约、规章制度、员工守则、岗位职责等要求,都会将职业道德的基本要求规范化、具体化,使职业道德的具体规范和要求呈现出多样性。

4. 一定的强制性

职业道德除通过社会舆论和从业人员的内心信念来对其职业行为进行约束外,与职业责任和职业纪律也紧密相连。职业纪律属于职业道德的范畴,当从业人员违反了具有一定法律效力的职业章程、职业合同、职业责任、操作规程,给企业和社会带来损失和危害时,职业道德就将用其具体的评价标准,对违规者进行处罚,轻则受到经济和纪律处罚,重则移交司法机关,由法律来进行制裁。这就是职业道德强制性的表现所在。但需要注意的是,职业道德本身并不存在强制性,而是其总体要求与职业纪律、行业法规具有重合的内容,一旦从业人员违背了这些纪律和法规,除受到职业道德的谴责外,还要受到纪律和法律的处罚。

5. 相对稳定性

职业一般处于相对稳定的状态,决定了反映职业要求的职业道德必然处于相对稳定的状态。例如商业行业"买卖公平,童叟无欺"的职业道德,医务行业"救死扶伤,治病救人"的职业道德等,千百年来都为从事相关行业的人们所传承和遵守。

6. 利益相关性

职业道德与物质利益具有一定的相关性。利益是道德的基础,各种职业道德规范及表现状况,关系到从业人员的利益。对于爱岗敬业的员工,单位不仅应该给予精神方面的鼓励,也应该给予物质方面的奖励;相反,违背职业道德、漠视工作的员工则会受到批评,严重者还会受到纪律的处罚。一般情况下,当企业将职业道德规范,如爱岗敬业、诚实守信、团结互助、勤劳节俭等纳入企业管理时,都要将道德规范与自身的行业特点、要求紧密结合在一起,变成更加具体、明确、严格的岗位责任或岗位要求,并制订出相应的奖励和处罚措施,与从业人员的物质利益挂钩,强调责、权、利的有机统一,便于监督、检查、评估,以促进从业人员更好地履行自己的职业责任和义务。

三、职业守则

根据中华人民共和国人力资源和社会保障部所制定的《标准》的要求,电工的职业守则包括五个方面:遵纪守法,爱岗敬业;精益求精,勇于创新;爱护设备,安全操作;遵守规程,执行工艺;保护环境,文明生产。

（一）遵纪守法,爱岗敬业

1.遵纪守法

这里的法是指广义的法律,包括宪法、法律、行政法规、地方性法规、自治条例、单行条例、国务院部门规章和地方政府规章等。在依法治国的今天,法律、法规在人们生活中的作用越来越大。一个合格的电工必须具有先进的法律意识,掌握相关的法律规定,同时正确认识到自己的法律地位、法律权利、法律责任,做到知法、讲法、守法,遵守法律规定,履行法律义务,杜绝违法犯罪行为。只有这样,才能保证出色地完成电工工作任务。

2.爱岗敬业

爱岗敬业的具体要求包括如下内容:

(1)树立职业理想

职业理想是指人们对未来工作部门和工作种类的向往和对现行职业发展水平、程度的憧憬。树立职业理想,可以帮助从业者在工作中奋发进取,勇往直前。

(2)强化职业责任

职业责任是指人们在一定职业活动中所承担的特定的职责,包括人们应该做的工作以及应该承担的义务。强化职业责任,增强责任意识,是实现自我管理、自我提升的重要途径。

(3)提高职业技能

职业技能是人们进行职能活动、履行职业责任的能力,包括从业人员的实际操作能力、业务处理能力、技术能力,以及与职业有关的理论知识。提高职业技能,可以提高从业者各方面素质,成为专业人才。

（二）精益求精,勇于创新

社会实践是不断发展的,我们的思想认识也应不断前进,要勇于和善于在实际工作中根据实践的要求进行创新。根据各个时期面临的形势和任务的需要,结合新情况、新问题,总结新经验、新方法,概括新理论、新观点,有所发现,有所创造,有所前进。研究问题的症结,思考解决的对策,或改良工具,或革新工艺,或运用新的材料,或发明新的技术,正是在解决一个个生产实践问题的过程中,精益求精、勇于创新的精神,推动着技术技能的发展,推动着社会文明的进步。

（三）爱护设备,安全操作

电工应按照规定穿戴好个人防护用品。操作设备时,应对设备进行安全检查确认正常后再投入运行,严禁带故障运行。设备的安全装置必须按规定使用,不准随意拆除,设备运转时电工不得离开工作岗位。

（四）遵守规程,执行工艺

严格执行工作程序、工作规范、工艺文件和安全操作规程,是电工在具体操作中,确保人身和设备安全的准则,每个电工都需认真学习领会各种规章制度,并严格执行,以保证安全操作。

电工的工艺文件规定了与电工有关的生产方法和实施要求,包括安全用电、节约用电、电工常用工具及仪表、常用低压电器、室内线路及照明、电动机基本控制线路等。电工的工艺文件是电工生产活动的指导性文件，严格执行电工工艺是保证电工生产质量的前提和基础。

（五）保护环境，文明生产

电工在上班期间要按公司要求统一着装，保持衣帽整洁，扣齐工作服纽扣。在电工生产现场，应保持设施完好，各种设备、工具及辅助工具等应有序摆放，生产所需的零部件应放到指定位置。保持工作环境清洁、有序，文明生产，塑造企业良好形象。

第二节　相关法律法规知识

一、《中华人民共和国劳动合同法》相关知识

（一）《中华人民共和国劳动合同法》简介

《中华人民共和国劳动合同法》（以下简称《劳动合同法》）共包括 8 章、98 项条款，涉及劳动合同的订立、劳动合同的履行和变更、劳动合同的解除和终止等内容。严禁一切企业招收未满 16 周岁的童工。未成年工是指年满 16 周岁未满 18 周岁的人。

（二）《劳动合同法》相关内容

1. 劳动合同的形式

劳动合同不仅是明确双方权利和义务的法律文书，也是今后双方产生劳动争议时主张权利的重要依据，员工进单位工作，首先应与单位签订书面劳动合同。

《劳动合同法》中将劳动合同分为固定期限、无固定期限和以完成一定工作任务为期限的劳动合同，还规定了非全日制用工和劳务派遣等用工形式。

针对未订立书面劳动合同的情况，《劳动合同法》规定用人单位自用工之日起超过一个月不满一年未与劳动者签订劳动合同的，应当向劳动者每月支付二倍工资。当用人单位自用工之日起满一年不与劳动者订立书面劳动合同的，视为用人单位与劳动者已订立无固定期限劳动合同。

2. 试用期

《劳动合同法》规定，同一用人单位与同一劳动者只能约定一次试用期。试用期包含在劳动合同期限内。劳动合同期限三个月以上不满一年的，试用期不得超过一个月；劳动合同期限一年以上不满三年的，试用期不得超过二个月；三年以上固定期限和无固定期限的劳动合同，试用期不得超过六个月。用人单位违反本法规定约定试用期的，由劳动行政部门责令改正；违法约定的试用期已经履行的，由用人单位以劳动者试用期满月工资为标准、按已经履行的超过法定试用期的期间向劳动者支付赔偿金。除试用期有明确规定外，《劳动合同法》对试用期的工资也给出了明确标准，即劳动者在试用期的工资不得低于本单位相同岗位最低档工资或者劳动合同约定工资的百分之八十，并不得低于用人单位所在地的最低工资标准。

3. 用人单位不得向员工收取押金

酒店、餐饮等服务行业员工一般都要统一着装上岗，而有些用人单位却以此为由向员工收

取几百元不等的服装押金。对用人单位的这种行为,《劳动合同法》做出了明确规定:用人单位招用劳动者,不得扣押劳动者的居民身份证和其他证件,不得要求劳动者提供担保或者以其他名义向劳动者收取财物。

在用工过程中,如果必须穿着工作服,应当视为用人单位给员工提供的劳动条件之一,用人单位不可向员工收取押金。对于用人单位违法收取押金的行为,《劳动合同法》做出了明确规定:用人单位违反本法规定,以担保或者其他名义向劳动者收取财物的,由劳动行政部门责令限期退还劳动者本人,并以每人五百元以上二千元以下的标准处以罚款;给劳动者造成损害的,应当承担赔偿责任。

4. 劳动合同的解除

劳动者提前三十日以书面形式通知用人单位,可以解除劳动合同。劳动者在试用期内提前三日通知用人单位,可以解除劳动合同。

用人单位有下列情形之一的,劳动者可以解除劳动合同:未按照劳动合同约定提供劳动保护或者劳动条件的;未及时足额支付劳动报酬的;未依法为劳动者缴纳社会保险费的;用人单位的规章制度违反法律、法规的规定,损害劳动者权益的;法律、行政法规规定劳动者可以解除劳动合同的其他情形。

用人单位以暴力、威胁或者非法限制人身自由的手段强迫劳动者劳动的,或者用人单位违章指挥、强令冒险作业危及劳动者人身安全的,劳动者可以立即解除劳动合同,不需事先告知用人单位。

劳动者有下列情形之一的,用人单位可以解除劳动合同:在试用期间被证明不符合录用条件的;严重违反用人单位的规章制度的;严重失职,营私舞弊,给用人单位造成重大损害的;劳动者同时与其他用人单位建立劳动关系,对完成本单位的工作任务造成严重影响,或者经用人单位提出,拒不改正的;因本法第二十六条第一款第一项规定的情形致使劳动合同无效的;被依法追究刑事责任的。

二、《中华人民共和国电力法》相关知识

为了保障和促进电力事业的发展,维护电力投资者、经营者和使用者的合法权益,保障电力安全运行,制定《中华人民共和国电力法》。本法适用于中华人民共和国境内的电力建设、生产、供应和使用活动。

（一）电力建设

电力发展规划应当根据国民经济和社会发展的需要制定,并纳入国民经济和社会发展计划。电力发展规划,应当体现合理利用能源、电源与电网配套发展、提高经济效益和有利于环境保护的原则。

城市电网的建设与改造规划,应当纳入城市总体规划。城市人民政府应当按照规划,安排变电设施用地、输电线路走廊和电缆通道。任何单位和个人不得非法占用变电设施用地、输电线路走廊和电缆通道。

（二）电力生产与电网管理

电力生产与电网运行应当遵循安全、优质、经济的原则。电网运行应当连续、稳定,保证供电可靠性。

电力企业应当加强安全生产管理,坚持安全第一、预防为主的方针,建立、健全安全生产责任制度。电网运行实行统一调度、分级管理。任何单位和个人不得非法干预电网调度。

（三）电力供应与使用

国家对电力供应和使用,实行安全用电、节约用电、计划用电的管理原则。电力供应与使用办法由国务院依照本法的规定制定。

（四）电力设施保护

任何单位和个人不得危害发电设施、变电设施和电力线路设施及其有关辅助设施。在电力设施周围进行爆破及其他可能危及电力设施安全的作业的,应当按照国务院有关电力设施保护的规定,经批准并采取确保电力设施安全的措施后,方可进行作业。

（五）法律责任

电力企业或者用户违反供用电合同,给对方造成损失的,应当依法承担赔偿责任。电力企业违反本法第二十八条、第二十九条第一款的规定,未保证供电质量或者未事先通知用户中断供电,给用户造成损失的,应当依法承担赔偿责任。

盗窃电能的,由电力管理部门责令停止违法行为,追缴电费并处应交电费五倍以下的罚款;构成犯罪的,依照刑法有关规定追究刑事责任。盗窃电力设施或者以其他方法破坏电力设施,危害公共安全的,依照刑法有关规定追究刑事责任。

三、《中华人民共和国安全生产法》相关知识

（一）《中华人民共和国安全生产法》概述

《中华人民共和国安全生产法》是为了加强安全生产工作,防止和减少生产安全事故,保障人民群众生命和财产安全,促进经济社会持续健康发展而制定的。

《中华人民共和国安全生产法》（以下简称《安全生产法》）共 7 章、119 条,涉及立法的目的、生产经营单位的安全生产保障、从业人员的安全生产权利义务、安全生产的监督管理、生产安全事故的应急救援与调查处理、法律责任等内容。

（二）《安全生产法》主要内容

在中华人民共和国领域内从事生产经营活动的单位（以下统称生产经营单位）的安全生产,适用本法;有关法律、行政法规对消防安全和道路交通安全、铁路交通安全、水上交通安全、民用航空安全以及核与辐射安全、特种设备安全另有规定的,适用其规定。

安全生产工作坚持中国共产党的领导。安全生产工作应当以人为本,坚持人民至上、生命至上,把保护人民生命安全摆在首位,树牢安全发展理念,坚持安全第一、预防为主、综合治理的方针,从源头上防范化解重大安全风险。

生产经营单位必须遵守本法和其他有关安全生产的法律、法规,加强安全生产管理,建立健全全员安全生产责任制和安全生产规章制度,加大对安全生产资金、物资、技术、人员的投入保障力度,改善安全生产条件,加强安全生产标准化、信息化建设,构建安全风险分级管控和隐患排查治理双重预防机制,健全风险防范化解机制,提高安全生产水平,确保安全生产。

生产经营单位的主要负责人对本单位的安全生产工作全面负责。

生产经营单位的从业人员有依法获得安全生产保障的权利,并应当依法履行安全生产方

面的义务。

生产经营单位的工会依法组织职工参加本单位安全生产工作的民主管理和民主监督,维护职工在安全生产方面的合法权益。生产经营单位制定或者修改有关安全生产的规章制度,应当听取工会的意见。

理论试题精选1

一、选择题(下列题中括号内,只有1个答案是正确的,将正确的代号填入其中)

1.市场经济条件下,职业道德最终将对企业起到( )的作用。

A.决策科学化　　B.提高竞争力　　C.决定经济效益　　D.决定前途与命运

2.下列选项中属于职业道德范畴的是( )。

A.企业经营业绩　　B.企业发展战略　　C.员工的技术水平　　D.人们的内心信念

3.在市场经济条件下,职业道德具有( )的社会功能。

A.鼓励人们自由选择职业　　　　　　B.遏制牟利最大化

C.促进人们的行为规范化　　　　　　D.最大限度地克服人们受利益驱动

4.职业道德是指从事一定职业劳动的人们,在长期职业活动中形成的( )。

A.行为规范　　B.操作程序　　C.劳动技能　　D.思维习惯

5.在市场经济条件下,( )是职业道德社会功能的重要表现。

A.克服利益导向　　　　　　　　　　B.遏制牟利最大化

C.增强决策科学化　　　　　　　　　D.促进人们行为的规范化

6.关于创新的正确论述是( )。

A.不墨守成规,但也不可标新立异　　B.企业经不起折腾,大胆地闯早晚会出问题

C.创新是企业发展的动力　　　　　　D.创新需要灵感,但不需要情感

7.在企业的经营活动中,下列选项中的( )不是职业道德功能的表现。

A.激励作用　　B.决策能力　　C.规范行为　　D.遵纪守法

8.职业道德通过( ),起着增强企业凝聚力的作用。

A.协调员工之间的关系　　　　　　　B.增加职工福利

C.为员工创造发展空间　　　　　　　D.调节企业与社会的关系

9.职业道德是一种( )的约束机制。

A.强制性　　B.非强制性　　C.随意性　　D.自发性

10.职业道德是人生事业成功的( )。

A.重要保证　　B.最终结果　　C.决定条件　　D.显著标志

11.下列选项中,关于职业道德与人的事业成功的关系的正确论述是( )。

A.职业道德是人事业成功的重要条件

B.职业道德水平高的人肯定能够取得事业的成功

C.缺乏职业道德的人更容易获得事业的成功

D.人生事业成功与否与职业道德无关

12.下列选项中属于职业道德作用的是( )。

A.增强企业的凝聚力　　　　　　　　B.增强企业的离心力

C. 决定企业的经济效益   D. 增强企业员工的独立性

13. 制止损坏企业设备的行为,(　　)。

A. 只是企业领导的责任   B. 对普通员工没有要求

C. 是每一位员工和领导的责任和义务   D. 不能影响员工之间的关系

14. 企业员工违反职业纪律,企业(　　)。

A. 不能做罚款处罚   B. 因员工受劳动合同保护,不能给予处分

C. 可以视情节轻重,做出恰当处分   D. 警告往往效果不大

15. 职业纪律是企业的行为规范,职业纪律具有(　　)特点。

A. 明确的规定性   B. 高度的强制性

C. 普适性   D. 自愿性

16. 工作认真负责是(　　)。

A. 衡量员工职业道德水平的一个重要方面

B. 提高生产效率的障碍

C. 一种思想保守的观念

D. 胆小怕事的做法

17. 养成爱护企业设备的习惯,(　　)。

A. 在企业经营困难时,是很有必要的

B. 对提高生产效率是有害的

C. 对于效益好的企业,是没有必要的

D. 是体现职业道德和职业素质的一个重要方面

18. 在职业交往活动中,符合仪表端庄具体要求的是(　　)。

A. 着装华贵   B. 适当化妆或佩戴饰品

C. 饰品俏丽   D. 发型要突出个性

19. 作为一名工作认真负责的员工,应该是(　　)。

A. 领导说什么就做什么

B. 领导亲自安排的工作认真做,其他工作可以马虎一点

C. 面上的工作要做仔细一些,看不到的工作可以快一些

D. 工作不分大小,都要认真去做

20. 企业生产经营活动中,要求员工遵纪守法是(　　)。

A. 领导者人为的规定   B. 保证经济活动正常进行所决定的

C. 追求利益的体现   D. 约束人的体现

21. 爱岗敬业作为职业道德的重要内容,是指员工(　　)。

A. 热爱自己喜欢的岗位   B. 热爱有钱的岗位

C. 强化职业责任   D. 不应多转行

22. 对待职业和岗位,(　　)并不是爱岗敬业所要求的。

A. 树立职业理想   B. 干一行爱一行

C. 遵守企业的规章制度   D. 一职定终身

23. 爱岗敬业的具体要求是(　　)。

A. 看效益决定是否爱岗   B. 转变择业观念

C.提高职业技能　　　　　　　　　　D.增强把握择业机遇意识

24.下列关于勤劳节俭的论述中,不正确的选项是(　　　)。

A.勤劳节俭能够促进经济和社会发展

B.勤劳是现代市场经济需要的,而节俭则不宜提倡

C.勤劳和节俭符合可持续发展的要求

D.勤劳节俭有利于企业增产增效

25.下列关于勤劳节俭的论述中,正确的选项是(　　　)。

A.勤劳一定能使人致富　　　　　　　B.勤劳节俭有利于企业持续发展

C.新时代需要巧干,不需要勤劳　　　D.新时代需要创造,不需要节俭

26.下面说法中正确的是(　　　)。

A.上班穿什么衣服是个人的自由　　　B.服装价格的高低反映了员工的社会地位

C.上班时要按规定穿整洁的工作服　　D.女职工应该穿漂亮的衣服上班

27.下面所描述的事情中不属于工作认真负责的是(　　　)。

A.领导说什么就做什么　　　　　　　B.下班前做好安全检查

C.上班前做好充分准备　　　　　　　D.工作中集中注意力

28.职工上班时不符合着装整洁要求的是(　　　)。

A.夏天天气炎热时可以只穿背心　　　B.不穿奇装异服上班

C.保持工作服的干净和整洁　　　　　D.按规定穿工作服上班

29.从业人员在职业活动中做到(　　　)是符合语言规范的具体要求的。

A.言语细致,反复介绍　　　　　　　B.语速要快,不浪费客人时间

C.用尊称,不用忌语　　　　　　　　D.语气严肃,维护自尊

30.企业员工在生产经营活动中,不符合平等尊重要求的是(　　　)。

A.真诚相待,一视同仁　　　　　　　B.互相借鉴,取长补短

C.男女有序,尊卑有别　　　　　　　D.男女平等,友爱亲善

31.企业生产经营活动中,促进员工之间平等尊重的措施是(　　　)。

A.互利互惠,平均分配　　　　　　　B.加强交流,平等对话

C.只要合作,不要竞争　　　　　　　D.人心叵测,谨慎行事

32.坚持办事公道,要努力做到(　　　)。

A.公私不分　　　B.有求必应　　　　C.公正公平　　　　D.全面公开

33.下列事项中属于办事公道的是(　　　)。

A.顾全大局,一切听从上级　　　　　B.大公无私,拒绝亲戚求助

C.知人善任,努力培养知己　　　　　D.坚持原则,不计个人得失

34.根据《劳动合同法》的有关规定,(　　　),劳动者可以随时通知用人单位解除劳动合同。

A.在试用期间被证明不符合录用条件的

B.严重违反劳动纪律或用人单位规章制度的

C.严重失职、营私舞弊,对用人单位利益造成重大损害的

D.用人单位以暴力、威胁或者非法限制人身自由的手段强迫劳动的

35.在商业活动中,不符合待人热情要求的是(　　　)。

A. 严肃待客,表情冷漠　　　　　　　　B. 主动服务,细致周到

C. 微笑大方,不厌其烦　　　　　　　　D. 亲切友好,宾至如归

36. 在日常工作中,对待不同对象,态度应真诚热情、(　　　　)。

A. 尊卑有别　　　　B. 女士优先　　　　C. 一视同仁　　　　D. 外宾优先

37. 企业创新要求员工努力做到(　　　　)。

A. 不能墨守成规,但也不能标新立异　　　B. 大胆地破除现有的结论,自创理论体系

C. 大胆地试大胆地闯,敢于提出新问题　　D. 激发人的灵感,遏制冲动和情感

38. 关于创新的论述,不正确的说法是(　　　　)。

A. 创新需要"标新立异"　　　　　　　　B. 服务也需要创新

C. 创新是企业进步的灵魂　　　　　　　D. 引进别人的新技术不算创新

39. 劳动者解除劳动合同,应当提前(　　　　)以书面形式通知用人单位。

A. 5 日　　　　　　B. 10 日　　　　　　C. 15 日　　　　　　D. 30 日

40. 劳动安全卫生管理制度对未成年工给予了特殊的劳动保护,这其中的未成年工是指年满(　　　　)未满 18 周岁的人。

A. 14 周岁　　　　　B. 15 周岁　　　　　C. 16 周岁　　　　　D. 17 周岁

41. 劳动安全卫生管理制度对未成年工给予了特殊的劳动保护,规定严禁一切企业招收未满(　　　　)的童工。

A. 14 周岁　　　　　B. 15 周岁　　　　　C. 16 周岁　　　　　D. 18 周岁

42. 劳动者的基本权利包括(　　　　)等。

A. 完成劳动任务　　　　　　　　　　　B. 提高职业技能

C. 遵守劳动纪律和职业道德　　　　　　D. 接受职业技能培训

43. 劳动者的基本义务包括(　　　　)。

A. 遵守劳动纪律　　B. 获得劳动报酬　　C. 休息　　　　　　D. 休假

44. 劳动者的基本义务包括(　　　　)等。

A. 提高劳动技能　　B. 获得劳动报酬　　C. 休息　　　　　　D. 休假

二、判断题(将判断结果填在括号中,正确的填√,错误的填×)

(　　　　)1. 劳动者具有在劳动中获得劳动安全和劳动卫生保护的权利。

(　　　　)2. 劳动者的基本义务中不应包括遵守职业道德。

(　　　　)3. 制定《中华人民共和国电力法》的目的是保障和促进电力事业的发展,维护电力投资者、经营者和使用者的合法权益,保障电力安全运行。

(　　　　)4. 劳动者患病或负伤,在规定的医疗期内,用人单位可以解除劳动合同。

(　　　　)5. 职业道德是指从事一定职业的人们,在长期职业活动中形成的操作技能。

(　　　　)6. 职业道德不倡导人们的车利最大化观念。

(　　　　)7. 职业道德具有自愿性的特点。

(　　　　)8. 企业员工对配备的工具要经常清点,放置在规定的地点。

(　　　　)9. 职业纪律是企业的行为规范,职业纪律具有随意性的特点。

(　　　　)10. 在职业活动中一贯地诚实守信会损害企业的利益。

(　　　　)11. 服务也需要创新,创新是企业进步的灵魂。

(　　　　)12. 创新既不能墨守成规,也不能标新立异。

（　　）13.劳动者的基本权利中,遵守劳动纪律是最主要的权利。

（　　）14.勤劳节俭虽然有利于节省资源,但不能促进企业的发展。

（　　）15.在日常接待工作中,对待不同服务对象,采取一视同仁的服务态度。

（　　）16.办事公道是指从业人员在进行职业活动时要做到助人为乐,有求必应。

（　　）17.从业人员在职业活动中表情冷漠、严肃待客是符合职业道德规范要求的。

（　　）18.事业成功的人往往具有较高的职业道德。

（　　）19.市场经济条件下应该树立多转行、多学知识、多长本领的择业观念。

（　　）20.向企业员工灌输的职业道德太多了,容易使员工产生谨小慎微的观念。

（　　）21.市场经济时代,勤劳是需要的,而节俭则不宜提倡。

（　　）22.领导亲自安排的工作一定要认真负责,其他工作可以马虎一点。

（　　）23.《中华人民共和国电力法》规定电力事业投资,实行谁投资谁收益的原则。

（　　）24.市场经济条件下,根据服务对象来决定是否遵守承诺并不违反职业道德规范
　　　　　中关于诚实守信的要求。

（　　）25.要做到办事公道,在处理公私关系时,要公私不分。

（　　）26.在日常工作中,要关心和帮助新职工、老职工。

第二章
电工基础与电工安全

学习目标

1. 掌握直流电路基本知识,交流电路基本知识,电磁基本知识,常用电工材料选型知识。

2. 理解电工安全基本知识,电工安全用具、触电急救知识、电气消防、接地、防雷等基本知识,安全距离、安全色和安全标志等国家标准规定。

3. 理解供电和用电基本知识,钳工划线、钻孔等基础知识,质量管理知识,环境保护知识和现场文明生产知识。

第一节　电工基础知识

一、直流电路基本知识

(一)电路的组成及作用

一般电路是由电源、负载、开关和连接导线四个基本部分组成,其作用是实现能量的传输和转换、信号的传递和处理。电路的三种状态有:通路、断路和短路。

(二)电路的基本物理量

1. 电压与电动势

电压又称电位差,是衡量电场力做功本领大小的物理量。在电路中,电压常用 U 表示,单位是伏[特](V),也常用毫伏[特](mV)或者微伏[特](μV)作单位,1 V = 1 000 mV,1 mV = 1 000 μV。电压是绝对量,不随参考点的改变而改变,电压的方向规定由高电位指向低电位。电位是相对量,随参考点的改变而改变。

电动势是反映电源把其他形式的能转换成电能本领的物理量。电动势只存在于电源内部,电动势的单位和电压的单位相同,也是伏[特](V),在电源内部由负极指向正极,即从低电位指向高电位。

2. 电流

单位时间内通过导体截面的电荷量,称作电流。一般规定正电荷移动的方向为电流的方向。电路中,电流常用 I 表示,分直流和交流两种,其单位是安[培](A),也常用毫安[培](mA)或者微安[培](μA)作单位。1 A = 1 000 mA,1 mA = 1 000 μA。

3. 电功和电功率

电流所做的功称为电功,常用 W 表示,单位为焦[耳](J)。在实际工作生活中,电气设备用电量的常用单位是千瓦[特][小]时,1 度 = 1 千瓦[特][小]时。电功的实用单位就是度。电流在单位时间内做的功叫作电功率,是用来表示消耗电能的快慢的物理量,用 P 表示,$P = W/t$。常用的单位有瓦[特](W)、千瓦[特](kW)、毫瓦[特](mW)。

(三)电路中基本元件

1. 电阻器

电路中对电流通过有阻碍作用且造成能量消耗的部分叫作电阻器,简称电阻。电阻用来表示导体对电流的阻碍作用的大小,常用 R 表示,单位是欧[姆](Ω),也常用千欧[姆]($k\Omega$)或者兆欧[姆]($M\Omega$)做单位,1 $k\Omega$ = 1 000 Ω。导体的电阻由导体的材料、横截面积和长度决定。图 2-1 为电阻的外形图及图形符号。

2. 电容器

电容器是一种储能元件,其基本作用就是充电与放电,在电路中具有隔断直流、通过交流电的作用,即在直流电路中相当于开路。使用电解电容时正极接高电位,负极接低电位。图 2-2 为电容器与电解电容器的符号。

(a) 外形图　　　(b) 图形符号　　　　　　(a) 电容器　　　(b) 电解电容器

图 2-1　电阻的外形图及图形符号　　　图 2-2　电容器与电解电容器的符号

电容器所带的电量与它的两极板之间的电压的比值,叫作电容器的电容,用符号 C 来表示,其单位是法[拉](F),也常用微法[拉](μF)或者皮法[拉](pF)做单位。1 F = 10^6 μF = 10^{12} pF。两个电容串联:$1/C = 1/C_1 + 1/C_2$,每个电容器的电荷量相等。两个电容并联:$C = C_1 + C_2$,总电荷量为各个电荷量之和。

测试电容之前,必须对电容充分地放电,以防止损坏仪表,同时也为了保护人身安全。

3. 电感

电感线圈是将绝缘的导线在绝缘的骨架上绕一定的圈数制成的。电感在直流电路中相当于短路,通直流阻交流,在电路中电感器常用 L 表示。电感两端的电压超前电流 $90°$,电容两端的电压滞后电流 $90°$。

(四)电路中基本定律

欧姆定律解决的是简单的电路,用基尔霍夫定律可分析复杂电路。

1. 欧姆定律

全电路欧姆定律是在闭合回路中,电流跟电源的电动势成正比,与内、外电路的电阻之和成反比。

部分电路欧姆定律反映了在不含电源的一段电路中,流过导体的电流与这段导体两端的电压成正比,与导体的电阻成反比。

2. 基尔霍夫定律

基尔霍夫定律包括第一定律和第二定律,其中第一定律也称节点电流定律,是指在任一瞬间,流进某一节点的电流之和恒等于流出该节点的电流之和。第二定律也称回路电压定律,是指从一点出发绕回路一周回到该点时,各段电压的代数和恒等于零,它不仅可以用在任一闭合回路中,还可以推广到任一不闭合的电路上,但要将开口处的电压列入方程。

二、交流电基本知识

交流电路是指电流(或电压)的大小和方向都随时间变化。

(一)正弦交流电的三要素

随时间按正弦规律变化的交变电流(或电压)是工程技术中应用最广泛的一种,称为正弦交流电路。正弦交流电可以用解析式、波形图和相量图方法表示。正弦交流电的三要素为:最大值、角频率和初相位。

电流的瞬时值表达式为 $i = I_m \sin(\omega t + \varphi)$,图 2-3 为正弦交流电的波形图。

1.最大值(又称峰值)

最大值是反映正弦量变化幅度的,规定用大写字母加下标 m 表示,如 U_m、I_m、E_m。而我们平常所说的电压高低、电流大小或用电器上的标称电压或电流指的是有效值,有效值用大写字母 U、I、E 表示。有效值与最大值之间为

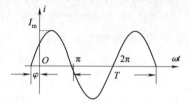

图 2-3　正弦交流电的波形图

$$U = \frac{1}{\sqrt{2}}U_m ; I = \frac{1}{\sqrt{2}}I_m ; E = \frac{1}{\sqrt{2}}E_m \qquad (2-1)$$

2.角频率

频率是反映交流电变化快慢的物理量,即交流电每秒钟变化的次数,常用 f 表示,单位为赫兹(Hz)。而周期为其交变一次所需的时间,常用 T 表示,单位为秒(s),它们互为倒数。目前世界各国电力系统的供电频率不同,如我国为 50 Hz,美国、日本为 60 Hz。这种频率也称为工业频率,简称工频。

正弦交流量表达式中反映交流电变化快慢的特征量是角频率 ω,角频率的单位是弧度/秒(rad/s),它的含义是正弦量每秒变化的弧度数,或 2π 秒内交流量变化的周期数。根据角频率的定义有

$$\omega = \frac{2\pi}{T} = 2\pi f \qquad (2-2)$$

3.初相位

任一瞬时的角度 $(\omega t + \varphi)$ 称为交流电的相位角或相位,$t = 0$ 时的相位 φ 叫作初相位,初相位反映了正弦量的起始状态。相位差 φ 即两同频率的正弦量之间的初相位之差。

(二)单相交流电路

由交流电源、用电设备和中间环节等组成的电路称为交流电路。若电源中只有一个交变电动势,则称为单相交流电路。

1.纯电阻电路

由白炽灯、电烙铁、电阻器组成的交流电路都可近似看成是纯电阻电路。

2.电感与纯电感电路

电感对交流电流的阻碍作用称作感抗,用 X_L 表示,单位是欧姆(Ω),即

$$X_{\mathrm{L}} = \omega L = 2\pi f L \qquad\qquad (2\text{-}3)$$

3. 电容与纯电容电路

电容器是存储电荷的器件。当外加电压使电容器存储电荷时,就叫充电,而电容器向外释放电荷时就叫放电。电容对电流的阻碍作用称作容抗,用 X_{C} 表示,单位是欧姆(Ω),即

$$X_{\mathrm{C}} = \frac{1}{\omega C} = \frac{1}{2\pi f C} \qquad\qquad (2\text{-}4)$$

4. RL 串联电路

在含有线圈的交流电路中,当线圈的电阻不能被忽略时,就构成了由电阻 R 和电感 L 串联后所组成的交流电路,简称 RL 串联电路。工厂里常见的电动机、变压器及日常生活中的日光灯等都可看成是 RL 串联电路。图 2-4 为电阻与电感的串联电路及相量图。

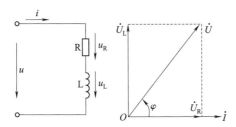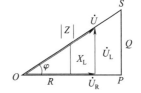

图 2-4 电阻与电感的串联电路及相量图   图 2-5 RL 串联电路的三个三角形

图 2-5 为 RL 串联电路的三个三角形。将电压三角形的有效值同除 I 得到阻抗三角形,将电压三角形的有效值同乘 I 得到功率三角形。其中,S 为视在功率,即电路两端的电压与电流有效值的乘积,单位为 V·A。图 2-5 中的功率三角形体现了有功功率 P、无功功率 Q、视在功率 S 三者之间的关系,即

$$S = \sqrt{P^2 + Q^2}$$
$$P = S \cdot \cos \varphi \qquad\qquad (2\text{-}5)$$
$$Q = S \cdot \sin \varphi$$

有功功率与视在功率的比值称作功率因数,可得

$$\cos \varphi = \frac{P}{S} \qquad\qquad (2\text{-}6)$$

式(2-6)表明,当电源容量(即视在功率)一定时,功率因素大就说明电源利用率高。提高功率因数的方法有合理选用电动机,在感性电路两端并联适当电容量的电容器。无功功率的单位就是伏[特]安[培](V·A),必须指出,"无功"的含义是"交换"而不是"消耗",无功是相对"有功"而言的,决不能理解为"无用"。具有电感性质的变压器、电动机等设备都是靠电磁转换工作的,因此,若没有无功功率,这些设备就无法工作。

(三)三相交流电路

1. 三相四线制系统

三相正弦交流电是三个单相正弦交流电按一定方式进行的组合。这三个单相正弦交流电的频率相同,最大值相等,相位互差120°。现在工厂用电和生活用电都是三相正弦交流电。

三相交流发电机三相绕组的末端 U_2、V_2、W_2 连接成一公共端点,叫作中性点,用"N"表示,从中性点引出的输电线称为中性线,简称中线。中线常与大地相接,并把接地的中性点称为零点,把接地的中性线称为零线。从发电机三相绕组的首端 U_1、V_1、W_1 引出的三根导线叫

作相线(俗称火线),分别用 L₁、L₂、L₃表示,在工程上常用黄、绿、红三种颜色线区分。零线或中性线用黄绿相间色表示。三相电源的相序是指三相电动势达到最大值的先后次序,相序为U—V—W—U,称为正序。

中性线的作用:使星形联结的不对称负载的相电压保持对称,同时保证三相负载为三个互不影响的独立回路,中性线如果断开,某一相负载承受的电压会低于或高于额定电压,造成负载的损坏。因此,中性线要安装牢固且不允许在中线上安装熔断器和开关,防止断路。

三相交流发电机可输出两种电压,即相电压和线电压。各相线与中性线之间的电压叫作相电压,分别用 U_U、U_V、U_W 表示,它们的相位为 120°。相线与相线之间的电压称为线电压,用 U_{UV}、U_{VW}、U_{WU} 表示。通常用 U_P 表示相电压、U_L 表示线电压。$U_L = \sqrt{3} U_P$,由图 2-6 可以看出,线电压总是超前与之对应的相电压 30°。

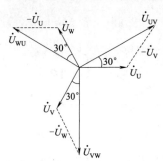

图 2-6　三相四线制线电压与
相电压相量图

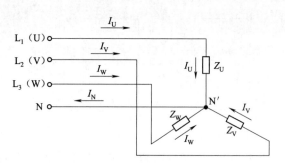

图 2-7　三相负载的星形联结

2. 三相负载的联结方式

三相电路中的三相负载可能相同也可能不同。通常把各相负载相同的三相负载叫作对称三相负载,如三相电动机、三相电炉等。如果各相负载不同,就叫不对称负载,如三相照明电路中的负载。

(1)三相负载的星(Y)形联结

把三相负载分别接在三相电源的一根相线和中线之间的接法称为三相负载的星形联结,如图 2-7 所示。负载的相电压就等于电源的相电压,用 U_P 表示。三相负载的线电压就是电源的线电压,用 U_L 表示。

星形负载接上电源后,就有电流产生。把流过每相负载的电流叫作相电流,用 I_u、I_v、I_w 表示,统称为 I_P,把流过相线的电流叫作线电流,用 I_U、I_V、I_W 表示,统称为 I_L。

星形负载的相电压 U_{YP} 与线电压 U_{YL} 的关系、相电流 I_{YP} 与线电流 I_{YL} 的关系为

$$U_{YL} = \sqrt{3} U_{YP} \qquad I_{YL} = I_{YP} \qquad (2\text{-}7)$$

(2)三相负载三角(△)形联结方式

把三相负载分别接在三相电源的两根相线之间的接法称为三角形联结,如图 2-8 所示。由于各相负载是接在两根相线之间,因此负载的相电压等于电源的线电压。三角形负载的相电压 $U_{\Delta P}$ 与线电压 $U_{\Delta L}$ 的关系、相电流 $I_{\Delta P}$ 与线电流 $I_{\Delta L}$ 的关系为

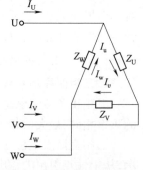

图 2-8　三相负载的三角形联结

$$U_{\Delta L} = U_{\Delta P} \qquad I_{\Delta L} = \sqrt{3} I_{\Delta P} \tag{2-8}$$

三、电磁基本知识

(一)磁场基本含义

当把两个同性磁极或异性磁极相互靠近时,它们表现出相排斥或相吸引,它们之间的作用力就是磁力。磁体周围存在一个磁力作用的空间,叫作磁场。磁场可用磁力线来表示。磁力线是在磁场中画出一系列有方向的曲线,曲线上每点的切线方向就是该点的磁场方向。在磁体内部,磁力线由 S 极指向 N 极;在磁体外部,磁力线由 N 极指向 S 极。实验表明,当直导线通以电流时也会产生磁场。磁力线方向与产生磁场的电流方向之间的关系可用右手螺旋定则来判定,即用右手握住直导线,使拇指指向电流方向,其余四指所指的方向就表明磁力线的方向,也就是磁场方向。

由于流过线圈本身的电流发生变化,而引起的电磁感应现象称为自感。由于一个线圈中的电流发生变化而在另一线圈中产生电磁感应的现象称为互感。

(二)磁场的基本物理量

1. 磁通

磁通又称磁通量,是垂直穿过磁场中某一截面的磁力线总数,用字母 Φ 表示,单位为韦伯(Wb)。通过一个线圈的磁通的表达式为:$\Phi = BS$(其中 B 为磁感应强度;S 为该线圈的面积)。

2. 磁感应强度与磁场强度

单位面积上垂直穿过的磁力线数,又叫磁力线的密度,也叫磁通密度,用字母 B 表示,单位为特(斯拉)(T)。为计算简便而引入磁场强度,用字母 H 表示。在均匀介质中,磁场强度的方向和所在点的磁感应强度的方向一致。μ 为磁导率,单位为亨/米(H/m),$B = \mu H$。

3. 电磁力

载流导体在磁场中所受的作用力称作电磁作用力,简称电磁力,用 F 表示。当直导体和磁场垂直时,电磁力的大小与直导体在磁场中的有效长度、所在位置的磁感应强度和直导体电流大小成正比。电磁力的方向可以用左手定则来判断,平伸左手,拇指与其他四指垂直,使磁力线穿过掌心,四指所示为电流方向,这时拇指的方向就是电磁力的方向。

(三)磁场的相关定律

1. 电磁感应定律

当穿过闭合回路所围面积的磁通量发生变化时,回路中会产生感应电动势,且感应电动势正比于磁通量对时间变化率的负值,这种现象,称为电磁感应。由电磁感应产生的电动势称为感应电动势,由感应电动势产生的电流称为感应电流。感应电动势(或感应电流)的方向可以用右手定则来判断:将右手掌伸平,拇指与其他四指垂直,使掌心迎向磁力线,若拇指指向导体运动的方向,则四指的指向就是导体内感应电动势的方向。

2. 楞次定律

闭合导体回路中感应电流的磁场总是要阻碍引起感应电流的磁通量的变化。利用楞次定律可以判定感应电流的方向,方法是:右手握拳,拇指指向磁场变化的反方向,则四指方向即为感应电流的方向。当线圈中的磁通减小时,感应电流产生的磁通与原磁通方向相同。当线圈中的磁通增加时,感应电流产生的磁通与原磁通方向相反。

若感应电流是因运动而产生的,通常用右手定则来判断方向;若感应电流是因磁通量变化而产生的,通常用楞次定律来判断方向。

3. 物质的磁化

原来没有磁性的物质使其具有磁性的过程称为磁化。凡是铁磁物质都能被磁化,而非铁磁物质都不能被磁化。铁磁物质的磁化曲线是:磁感应强度 B 与磁场强度 H 的关系曲线。铁磁材料在磁化过程中,当外加磁场 H 不断增加,测得的磁场强度几乎不变的性质称为磁饱和性。当外界磁场强度加强时,铁磁材料的磁通密度也随之加强,而当磁场强度降为 0 时,铁磁材料中的磁通密度并没有随之降为最低,这就是剩磁。这种现象叫作磁滞现象。在铁磁材料(铁芯)外面套上一个线圈,通以电流,使它产生强大磁场的这种设备称为"电磁铁",应用广泛。日常用到的接触器的主要部件就是电磁铁。

四、常用电工材料选型

(一)导电材料(导线)

导线采用导电金属材料制成,金银虽好但价格昂贵,一般采用铜、铝等材料。导线类型很多,常见的有裸导体、电磁线、绝缘电线、低压电力电缆和电气设备用电缆等。

1. 裸导体

常用的裸导体按形状与结构可分为四类,即裸单线、绞线、型线及软接线。绞线称为架空导线,裸绞线有铜绞线、铝绞线和钢芯铝绞线等。

2. 常用电线、电缆的选用

导线截面的选择通常是由电压高低、机械强度、电流密度、电压损失和安全载流量等因素决定的。

(二)绝缘材料

1. 绝缘材料特性

绝缘材料的耐热性是指绝缘材料及其制品承受高温而不致损坏的能力,按其长期正常工作所允许的最高温度可分为七个级别。耐热等级 A 级,最高允许温度为 105°,等级代号是 1。各种绝缘材料的机械强度的各种指标是抗张、抗压、抗弯、抗剪、抗撕、抗冲击等各种强度指标。

2. 常用绝缘材料

绝缘材料一般可分为气体、液体和固体绝缘材料。常用绝缘材料包括绝缘气体、绝缘油、绝缘浸渍材料、绝缘纸、云母等。变压器油属于液体绝缘材料,云母属于固体绝缘材料。

(三)磁性材料

磁性材料是电气设备、电子仪器仪表和电信等工业中重要的材料。磁性材料按其特性和应用可以分为软磁材料、硬磁材料和特殊磁性材料三类。软磁材料的特点是容易磁化,也容易退磁,常用来制作电动机、变压器、电磁铁等电气设备的铁芯;硬磁材料的特点是不易磁化,也不易退磁,常用来制作各种永久磁铁、扬声器的磁钢等。

理论试题精选 2

一、选择题(下列题中括号内,只有 1 个答案是正确的,将正确的代号填入其中)

1. 电路的作用是实现(　　)的传输和转换、信号的传递和处理。

A. 能量　　　　　B. 电流　　　　　C. 电压　　　　　D. 电能

2. 一般电路由电源、(　　)和中间环节三个基本部分组成。

A. 负载　　　　　　B. 电压　　　　　　C. 电流　　　　　　D. 电动势

3. 电位是(　　)，随着参考点的改变而改变，而电压是绝对量，不随参考点的改变而改变。

A. 衡量　　　　　　B. 变量　　　　　　C. 绝对量　　　　　D. 相对量

4. (　　)的方向规定由该点指向参考点。(　　)的方向规定由高电位点指向低电位点。

A. 电压　　　　　　B. 电位　　　　　　C. 能量　　　　　　D. 电能

5. (　　)反映在不含电源的一段电路中，电流与这段电路两端的电压及电阻的关系。

A. 欧姆定律　　　　　　　　　　　　B. 部分电路欧姆定律

C. 楞次定律　　　　　　　　　　　　D. 全欧姆定律

6. 全电路欧姆定律指出，电路中的电流由电源(　　)、内阻和负载电阻决定。

A. 功率　　　　　　B. 电压　　　　　　C. 电阻　　　　　　D. 电动势

7. 欧姆定律不适合于分析计算(　　)。

A. 简单电路　　　　B. 复杂电路　　　　C. 线性电路　　　　D. 直流电路

8. 电路节点是(　　)连接点。

A. 两条支路　　　　B. 三条支路　　　　C. 三条或以上支路　D. 任意支路

9. 线性电阻与所加(　　)、流过的电流及温度无关。

A. 功率　　　　　　B. 电压　　　　　　C. 电阻率　　　　　D. 电动势

10. 串联电阻的分压作用是阻值越大电压越(　　)。

A. 小　　　　　　　B. 大　　　　　　　C. 增大　　　　　　D. 减小

11. 若干电阻(　　)后的等效电阻比每个电阻值大。

A. 串联　　　　　　B. 并联　　　　　　C. Y—△　　　　　　D. 混联

12. 使用电解电容时(　　)。

A. 负极接高电位，正极接低电位　　　B. 正极接高电位，负极接低电位

C. 负极接高电位，负极也可以接高电位　D. 不分正负极

13. 电容器上标注的符号 224 表示其容量为 22×10^4 (　　)。

A. F　　　　　　　　B. μF　　　　　　　C. mF　　　　　　　D. pF

14. 电容器上标注 104J 的 J 的含义为(　　)。

A. ±2%　　　　　　B. ±10%　　　　　　C. ±5%　　　　　　D. ±15%

15. 一定温度时，金属导线的电阻与(　　)成正比，与截面积成反比，与材料电阻率有关。

A. 长度　　　　　　B. 材料种类　　　　C. 电压　　　　　　D. 粗细

16. 电容器上标注的符号 2u2，表示该电容的值为(　　)。

A. 0.2 μF　　　　　B. 2.2 μF　　　　　C. 22 μF　　　　　　D. 0.22 μF

17. 电功率的常用的单位有(　　)。

A. 焦[耳]　　　　　B. 伏安　　　　　　C. 欧[姆]　　　　　D. 瓦、千瓦、毫瓦

18. 电功的常用的单位有(　　)。

A. 焦[耳]　　　　　B. 伏安　　　　　　C. 度　　　　　　　D. 瓦

19. 伏安法测电阻是根据(　　)来算出数值。

A. 欧姆定律　　　　B. 直接测量法　　　C. 焦耳定律　　　　D. 基尔霍夫定律

20. 并联电路中加在每个电阻两端的电压都(　)。

　A. 不等　　　　　　　　　　　　　　B. 等于各电阻上电压之和

　C. 相等　　　　　　　　　　　　　　D. 分配的电流与各电阻值成正比

21. 基尔霍夫定律的(　)是绕回路一周电路元件电压变化为零。

　A. 回路电压定律　　　　　　　　　　B. 电路功率平衡

　C. 电路电流定律　　　　　　　　　　D. 回路电位平衡

22. 基尔霍夫定律的节点电流定律也适合任意(　)。

　A. 封闭面　　　　B. 短路　　　　　　C. 开路　　　　　　D. 连接点

23. 支路电流法是以支路电流为变量列写节点电流方程及(　)方程。

　A. 回路电压　　　　B. 电路功率　　　　C. 电路电流　　　　D. 回路电位

24. 在 RL 串联电路中 $U_R = 16$ V, $U_L = 12$ V,则总电压为(　)。

　A. 28 V　　　　B. 20 V　　　　　　C. 2 V　　　　　　D. 4 V

25. 纯电容正弦交流电路中,电压有效值不变,当频率增大时,电路中电流将(　)。

　A. 增大　　　　B. 减小　　　　　　C. 不变　　　　　　D. 不定

26. 工频正弦电压有效值和初始值均为 380 V,该电压瞬时值表达式(　)。

　A. $u = 380\sin314t$　(V)　　　　　　B. $u = 537\sin(314t + 45°)$　(V)

　C. $u = 380\sin(314t + 90°)$　(V)　　　D. $u = 380\sin(314t + 45°)$　(V)

27. 有"220 V、100 W"和"220 V、25 W"的白炽灯两盏,串联后接入 220 V 交流电源,其亮度情况是(　)。

　A. 100 W 灯泡最亮

　B. 25 W 灯泡最亮

　C. 两只灯泡一样亮

　D. 两只灯泡一样暗

28. 有源二端网络 A,在 a、b 间接入电压表时,其读数为 100 V;在 a、b 间接入 10 Ω 电阻时,测得电流为 5 A。则 a、b 两点间的等效电阻为(　)。

　A. 20 Ω　　　　B. 15 Ω　　　　　　C. 5 Ω　　　　　　D. 10 Ω

29. 已知两个正弦量为 $i_1 = 10\sin(314t + 90°)$　(A), $i_2 = 10\sin(628t + 30°)$　(A),则(　)。

　A. i_1 超前 i 260°　　B. i_1 滞后 i 260°　　C. i_1 超前 i_2 60°　　D. 不能判断相位差

30. 当电阻为 8.66 Ω,与感抗为 5 Ω 串联时,电路的功率因数为(　)。

　A. 0.5　　　　B. 0.866　　　　　　C. 1　　　　　　　D. 0.6

31. 串联正弦交流电路的视在功率表征了该电路的(　)。

　A. 电路中总电压有效值与电流有效值的乘积

　B. 平均功率

　C. 瞬时功率最大值

　D. 无功功率

32. 在正弦交流电路中,电路的功率因数取决于(　)。

　A. 电路外加电压的大小　　　　　　　B. 电路各元件参数及电源频率

　C. 电路的连接形式　　　　　　　　　D. 电路的电流

33. 提高供电线路的功率因数,下列说法正确的是(　)。

　A. 减少了用电设备中无用的无功功率

B. 可以节省电能

C. 减少了用电设备的有功功率,提高了电源设备的容量

D. 可提高电源设备的利用率并减小输电线路中的功率损耗

34. 三相对称电路是指(　　)。

A. 三相电源和三相负载都是对称的电路

B. 三相电源对称的电路

C. 三相电源对称和三相负载阻抗相等的电路

D. 三相负载对称的电路

35. 三相对称电路的线电压比对应相电压(　　)。

A. 超前 30°　　　　B. 超前 60°　　　　C. 滞后 30°　　　　D. 滞后 60°

36. 三相电动势到达最大的顺序是不同的,这种达到最大值的先后次序称为三相电源的相序,相序为 U—V—W—U,称为(　　)。

A. 正序　　　　　　B. 负序　　　　　　C. 逆序　　　　　　D. 相序

37. 正弦量有效值与最大值之间的关系,正确的是(　　)。

A. $E = E_m/\sqrt{2}$　　B. $U = U_m/2$　　C. $I_{AV} = 2/\pi \times E_m$　　D. $E_{AV} = E_m/2$

38. 对称三相电路负载三角形联结,电源线电压为 380 V,负载复阻抗为 $Z = (8 + 6j)$　(Ω),则线电流为(　　)。

A. 38 A　　　　　　B. 22 A　　　　　　C. 54 A　　　　　　D. 66 A

39. 正弦交流电常用的表达方法有(　　)。

A. 解析式表示法　　B. 波形图表示法　　C. 相量表示法　　　D. 以上都是

40. 电流流过负载时,负载将电能转换成(　　);电流流过电动机时,电动机将电能转换成(　　)。

A. 机械能　　　　　B. 其他形式的能　　C. 光能　　　　　　D. 热能

41. RLC 串联电路在 f_0 时发生谐振,当频率增加到 $2f_0$ 时,电路性质呈(　　)。

A. 电阻性　　　　　B. 电感性　　　　　C. 电容性　　　　　D. 不定

42. 用右手握住通电导体,让拇指指向电流方向,弯曲四指的指向就是(　　)。

A. 磁感应　　　　　B. 磁力线　　　　　C. 磁通　　　　　　D. 磁场方向

43. 通电直导体在磁场中所受力方向,可以通过(　　)来判断。

A. 左手定则　　　　B. 楞次定律　　　　C. 右手定则　　　　D. 右手定则、左手定则

44. 把垂直穿过磁场中某一截面的磁力线条数叫作(　　),单位为 Φ。

A. 磁通或磁通量　　B. 磁感应强度　　　C. 磁导率　　　　　D. 磁场强度

45. 单位面积上垂直穿过的磁力线数叫作(　　)。

A. 磁通或磁通量　　B. 磁导率　　　　　C. 磁感应强度　　　D. 磁场强度

46. 磁导率 μ 的单位为(　　)。

A. H/m　　　　　　B. H·m　　　　　　C. T/m　　　　　　D. Wb·m

47. 磁感应强度 B 与磁场强度 H 的一般关系为(　　)。

A. $H = \mu B$　　　　B. $B = \mu H$　　　　C. $H = \mu_0 B$　　　　D. $B = \mu_0 B$

48. 磁动势的单位为(　　)。

A. Wb　　　　　　　B. A　　　　　　　　C. A/m　　　　　　D. A·m

49. 穿越线圈回路的磁通发生变化时,线圈两端就产生( )。

A. 电磁感应   B. 感应电动势   C. 磁场   D. 电磁感应强度

50. 磁场内各点的磁感应强度大小相等、方向相同,则称为( )。

A. 均匀磁场   B. 匀速磁场   C. 恒定磁场   D. 交变磁场

51. 在磁场内部和外部,磁力线( )。

A. 都是 S 极指向 N 极

B. 都是 S 极指向 N 极

C. 分别是内部 S 极指向 N 极,外部 N 极指向 S 极

D. 分别是内部 N 极指向 S 极,外部 S 极指向 N 极

52. 当线圈中的磁通减小时,感应电流产生的磁通与原磁通方向( );当线圈中的磁通增加时,感应电流产生的磁通与原磁通方向( )。

A. 成正比   B. 成反比   C. 相反   D. 相同

53. 变化的磁场能够在导体中产生感应电动势,这种现象叫作( )。

A. 电磁感应   B. 电磁感应强度   C. 磁导率   D. 磁场强度

54. 铁磁性质在反复磁化过程中的 B—H 关系是( )。

A. 起始磁化曲线   B. 磁滞回线   C. 基本磁化曲线   D. 局部磁滞回线

55. 铁磁材料在磁化过程中,当外加磁场 H 不断增加,而测得的磁场强度几乎不变的性质称为( )。

A. 磁滞性   B. 剩磁性   C. 高导磁性   D. 磁饱和性

56. 软磁材料的主要分类有铁氧体软磁材料、( )、其他软磁材料。

A. 不锈钢   B. 铜合金   C. 铝合金   D. 金属软磁材料

57. 绝缘材料的电阻受( )水分、灰尘等影响较大。

A. 温度   B. 干燥   C. 材料   D. 电源

58. 常用的绝缘材料包括:( )、液体绝缘材料和固体绝缘材料。

A. 木头   B. 气体绝缘材料   C. 胶木   D. 玻璃

59. 选用绝缘材料时,应该从电气性能、机械性能、( )、化学性能、工艺性能及经济性等方面来进行考虑。

A. 电流大小   B. 磁场强弱   C. 气压高低   D. 热性能

60. 变压器的铁芯应该选用( );电磁铁的铁芯应该选用( );异步电动机的铁心应该选用( );玩具直流电机中的磁极应该选用( )。

A. 永久磁铁   B. 永磁材料   C. 硬磁材料   D. 软磁材料

61. 云母制品属于( ),变压器油属于( )。

A. 固体绝缘材料   B. 液体绝缘材料   C. 气体绝缘材料   D. 导体绝缘材料

62. 各种绝缘材料的机械强度的各种指标是( )等各种强度指标。

A. 抗张、抗压、抗弯   B. 抗剪、抗撕、抗冲击

C. 抗张、抗压   D. 含 A、B 两项

63. 绝缘材料的耐热等级和允许最高温度中,等级代号是 1,耐热等级是 A,它的允许温度是( )。

A. 90°   B. 105°   C. 120°   D. 130°

64.常用的裸导线有(　　)、铝绞线和钢芯铝绞线。

　　A.钨丝　　　　　　　B.铜绞线　　　　　　　C.钢丝　　　　　　　D.焊锡丝

65.裸导线一般用于(　　)。

　　A.室内布线　　　　　B.室外架空线　　　　　C.水下布线　　　　　D.高压布线

66.绝缘导线多用于(　　)和房屋附近的室外布线。

　　A.安全电压布线　　　B.架空线　　　　　　　C.室外布线　　　　　D.室内布线

67.导线截面的选择通常是由(　　)、机械强度、电流密度、电压损失和安全载流量等因素决定的。

　　A.磁通密度　　　　　B.绝缘强度　　　　　　C.发热条件　　　　　D.电压高低

68.绝缘导线是有(　　)的导线。

　　A.潮湿　　　　　　　B.干燥　　　　　　　　C.绝缘包皮　　　　　D.氧化层

69.千万不要用铜线、铝线、铁线代替(　　)。

　　A.导线　　　　　　　B.熔丝　　　　　　　　C.包扎带　　　　　　D.电话线

70.电缆或电线的驳口或破损处要用(　　)包好,不能用透明胶布代替。

　　A.牛皮纸　　　　　　B.尼龙纸　　　　　　　C.电工胶布　　　　　D.医用胶布

71.电动势为 10 V,内阻为 2 Ω 的电压源变换成电流源时,电流源的电流和内阻分别是(　　)。

　　A.10 A、2 Ω　　　　　B.20 A、2 Ω　　　　　　C.5 A、2 Ω　　　　　D.2 A、5 Ω

72.同一对称三相负载,先后用两种接法接入同一电源中,则三角形联结时的有功功率等于星形联结时的(　　)倍。

　　A.3　　　　　　　　　B.$\sqrt{3}$　　　　　　　　C.2　　　　　　　　　D.1

73.正弦量的平均值与最大值之间的关系不正确的是(　　)。

　　A.$E_{AV}=2/\pi \times E_m$　　B.$U_{AV}=2/\pi \times E_m$　　C.$I_{AV}=2/\pi \times E_m$　　D.$I=I_m/1.44$

74.磁场强度的方向和所在点的(　　)的方向一致。

　　A.磁通或磁通量　　　B.磁导率　　　　　　　C.磁场强度　　　　　D.磁感应强度

二、判断题(将判断结果填在括号中,正确的填√,错误的填×)

(　　)1.流过电阻的电流与所加电压成正比、与电阻成反比。

(　　)2.在感性负载两端并联合适的电容器,可以减小电源供给负载的无功功率。

(　　)3.家用电力设备的电源应采用单相三线 50 Hz、220 V 交流电。

(　　)4.选用绝缘材料时应从电流大小、磁场强弱、气压高低等方面来进行考虑。

(　　)5.选用绝缘材料时应从电气性能、机械性能、热性能、化学性能、工艺性能及经济性等方面来进行考虑。

(　　)6.常用的绝缘材料包括:气体绝缘材料、液体绝缘材料和固体绝缘材料。

(　　)7.电视、电器的铁芯通常都是用软磁性材料制作。

(　　)8.电路的最基本连接方式为串联和并联。

(　　)9.一般电路由电源、负载和中间环节三个基本部分组成。

(　　)10.电功率是电场力单位时间所做的功。

(　　)11.线性电阻与所加电压成正比、与流过电流成反比。

(　　)12.各种绝缘材料的绝缘电阻强度的各种指标是抗张、抗压、抗弯、抗剪、抗撕、抗冲击等各种强度指标。

（　）13. 变压器的铁芯应选用硬磁材料;异步电动机的铁芯应选用软磁材料。

（　）14. 频率、振幅和相位均相同的三个交流电压,称为对称三相电压。

（　）15. 通电直导体在磁场中所受力方向,可以通过右手定则来判断。

（　）16. 部分电路欧姆定律反映了在含电源的一段电路中,电流与这段电路两端的电压及电阻的关系。

（　）17. 线电压为相电压的 $\sqrt{3}$ 倍,同时线电压的相位超前相电压 120°。

（　）18. 电阻器反映了导体对电压起阻碍作用的大小,简称电阻。

（　）19. 电路的作用是实现电流的传输和转换、信号的传递和处理。

（　）20. 电压与参考点无关、电位与参考点有关。

（　）21. 瓷介电容上标注数值 103,表示该电容的数值为 103 pF。

（　）22. 无论是瞬时还是相量值,对称三相电源的三个相电压的和,恒等于零,所以接上负载后不会产生电流。

（　）23. 三相负载作丫接时,无论负载对称与否,线电流总等于相电流。

（　）24. 频率越高或电感越大,则感抗越大,对交流电的阻碍作用越大。

（　）25. 非金属材料的电阻率随温度升高而下降。

（　）26. 几个元件顺次相连,中间没有分支的连接方式为并联。

（　）27. 磁性材料主要分为铁磁材料与软磁材料两大类。

（　）28. 单相三线(孔)插座的左端为 N 极,接零线;右端为 L 极,接相(火)线;上端有接地符号的端应接地线,不得互换。

（　）29. 工厂供电要切实保证工厂生产和生活用电的需要,做到安全、可靠、优质、经济。

（　）30. 电压是产生电流的根本原因,因此电路中有电压必有电流。

（　）31. 导线可分为铜导线和铝导线两大类,也可分为裸导线和绝缘导线两大类。

（　）32. 电容器通直流断交流。

（　）33. 绝缘导线多用于室内布线和房屋附近的室外布线。

（　）34. 裸导线一般用于室外架空线。

（　）35. 正弦交流电路的视在功率等于有功功率和无功功率之和。

（　）36. 正弦量的三要素是指其最大值、角频率和相位。

（　）37. 电容两端的电压超前电流 90°。

（　）38. 在感性负载两端并联合适的电容器,可以减小电源供给负载的无功功率。

第二节　安全知识

一、电工安全基本知识

(一)电气事故种类

根据电能的不同作用形式,电气事故分为触电事故、电气系统故障事故、雷电事故、电磁伤害事故和静电事故等。

1. 触电事故

人体接触或接近带电体所引起的局部受伤或死亡的现象称为触电。按人体受伤程度不同,可分为电伤和电击两种形式:电伤指人体外部受伤,如电弧灼伤、金属溅伤等。电击指电流通过人体,影响呼吸系统、心脏和神经系统,造成人体内部组织破坏乃至死亡。电击伤害是造成触电死亡的主要原因,是最严重的触电事故。通常 1 mA 的工频电流通过人体时,就会有不舒服的感觉;10 mA 的工频电流通过人体时,人体尚可摆脱称为摆脱电流;50 mA 的工频电流通过人体时就会有生命危险;当电流达到 100 mA 时,就足以使人死亡。我国规定 36 V 及以下的电压安全,超过 36 V,就有触电死亡的危险。

2. 触电形式

触电的形式是多种多样的,主要包括以下几种形式。

单相触电:如果人体直接接触带电设备及线路的一相时,电流通过人体而发生的触电现象称为单相触电。

两相触电:人体不同部位同时触及带电设备及线路的两根相线,人体承受电源线电压称为两相触电,是最危险的触电形式。两相触电比单相触电更危险,因为此时加在人体心脏上的电压是线电压。

接触电压触电:在供电为短路接地的电网系统中,人体触及外壳带电设备的一点同站立地面一点之间的电位差称为接触电压。

跨步电压触电:在距接地体 15~20 m 的范围内,地面上径向相距为 0.8 m 时,此两点间电位差则称为跨步电压(注意:为保命,赶快做"单腿"跳)。

除此之外,还包括静电触电、电容放电触电等。

(二)触电急救及电气消防知识

1. 触电急救

脱离电源:首先切断电源,或使用绝缘工具、干燥木棒(如高压绝缘棒)等不导电物体解脱触电者,也可抓住触电者干燥而不贴身的衣服将其拖开,最好用一只手进行救护。救护人在抢救过程中应注意保持自身与周围带电部分必要的安全距离。然后进行抢救或灭火(注意:在触电者未脱离电源前,救护人员不得直接用手触及触电者)。

急救处理:当触电者脱离电源后,应立即根据具体情况,迅速"对症救治",同时赶快通知医生前来抢救。如果触电者神志尚清醒,则应使之就地躺平,严密观察,暂时不要让其站立或走动。对"有心跳而呼吸停止"的触电者,应采用"人工呼吸"法进行急救,频率是 5~6 s 吹气一次;对"有呼吸而心跳停止"的触电者,应采用"闭胸心脏按压"法进行急救,每分钟挤压 80 次以上,不可中断,直至触电者苏醒为止;如果触电者伤势严重,心跳和呼吸均已停止,则在通畅气道后,立即同时进行"人工呼吸"和闭胸心脏按压的人工循环。救护人应密切观察触电者反应。只要发现其有苏醒迹象,例如眼皮闪动或嘴唇微动,应中止操作几秒钟,让触电者自行呼吸和心跳。

2. 电气消防知识

电气火灾是指由电气原因引燃的事故,一般是由电流热量、电火花、电弧等直接引起,主要原因包括短路、过负荷、接触电阻过大等。电气设备起火时,首先应该设法切断电源,再进行相应的灭火措施。

（三）电气安全基本规定

1. 安全距离

为了防止发生人身触电事故和设备短路或接地故障，带电体之间、带电体与地面之间、带电体与其他设施之间、工作人员与带电体之间必须保持的最小空气间隙，称为安全距离。大小应符合电气安全有关规程的规定。

2. 安全色

安全色是表达安全信息的颜色，表示禁止、警告、指令、提示等意义。正确使用安全色，可以使人员迅速发现并分辨，及时得到提醒，以防事故发生。我国安全色的国家标准规定用红、蓝、黄、绿四种颜色为安全色。红色传递禁止、停止、危险或提示消防设备、设施的信息；蓝色传递必须遵守规定的指令性信息；黄色传递注意、警告的信息；绿色传递安全的提示性信息。

3. 安全标志

安全标志由安全色、几何图形和图形符号构成，用来表达特定安全信息。安全标志可分为禁止、警告、指令和提示标志四种类型。图2-9为常见的安全标志。

（a）　　　　（b）　　　　（c）　　　　（d）　　　　（e）　　　　（f）

图2-9　常见的安全标志

二、电工安全用具

电工安全用具是用来防止触电、坠落、灼伤等工伤事故，保障工作人员安全的用具。它主要包括绝缘安全用具、电压和电流指示器、登高安全用具、检修工作中的临时接地线、遮栏和标志牌等。

（一）绝缘安全用具

绝缘安全用具包括绝缘棒、绝缘夹钳、绝缘靴（鞋）、绝缘手套、绝缘垫、绝缘毯和绝缘台。绝缘安全用具分为基本安全用具和辅助安全用具。

1. 基本安全用具

基本安全用具的绝缘强度能长时间承受电气设备的工作电压，能直接用来操作带电设备。基本安全用具有：绝缘杆、绝缘夹钳、绝缘挡板和防护镜等。

2. 辅助安全用具

辅助安全用具的绝缘强度不足以承受电气设备的工作电压，只能加强基本安全用具的保护作用，能防止跨步电压伤害和电弧灼伤。辅助安全用具有：绝缘台、绝缘手套、绝缘靴（鞋）、绝缘垫和绝缘绳等。

（二）常用安全用具

1. 高低压验电器

验电器又叫电压指示器，是用来检查线路和电气设备是否带电的工具，它分为低压和高压两种。验电器的构成是由绝缘材料制成一根空心管子，管子上端有金属制的工作触头，管内装有氖光灯和电容器。另外，绝缘和握手部分是用胶木或硬橡胶制成的。

低压验电器又称试电笔，需要注意的是使用试电笔，手一定要接触笔尾的金属体。如果手没有接触笔尾的金属体，即使笔尖接触火线，氖管也不发光，试电笔就不起作用了。切记：手指千万不能碰笔尖！当用手碰笔尖的金属体时，人体两端就有 220 V 的电压，这时产生的强电流就会流过人体，发生安全事故。

2. 安全帽、安全带和安全绳

安全帽是一种重要的安全防护用品，凡有可能会发生物体坠落的工作场所，或有可能发生头部碰撞、劳动者自身有坠落危险的场所，都要求佩戴安全帽。安全带是电工作业时防止坠落的安全用具，由带子、绳子和金属配件等组成，总称安全带。安全绳也是作业人员在空中作业时预防坠落伤亡的常用的安全防护用具，通常与护腰式安全带配合使用。

（三）其他安全用具

1. 临时接地线

临时接地线一般装设在被检修区域两端的电源线路上。装设临时接地线的原因有：防止突然来电；消除邻近高压线路所产生的感应电；用来泄放线路或设备上可能残存的静电。装设临时接地线时，应先接接地端，后接线路设备端；拆下时顺序则相反。

2. 临时遮栏和栅栏

为防止工作人员走错位置或接近带电设备、线路，在高压电气设备上进行部分工作时一般用临时遮栏、栅栏或其他隔离装置进行防护。在室外进行高压设备部分停电作业时，用红白色带、三角旗绳索及红布幔等拉成遮栏，即为临时遮栏，其作用是限制作业人员的活动范围，以保证作业人员正常操作和安全进入作业前，先用验电器在遮栏内验电，以确保安全。

三、电气安全装置及电气安全操作规程

电气安全主要包括人身安全和设备安全。常见的安全用电技术措施有接地、保护接零、采用安全电压、保证绝缘、保证安全距离、合理选用电气装置等。

（一）保证安全的组织管理措施

电气维修值班制度是：电气设备维修值班一般应有两人以上。电气设备维修巡视制度是：电气设备的维修巡视一般均由两人进行。工作票制度是：在电气设备上工作，应填用工作票或按命令执行，其方式有第一种工作票、第二种工作票、口头或电话命令三种。

（二）保证安全的技术措施

1. 触电防护措施

触电防护措施是为防止电流的能量作用于人体造成突发性伤害所采取的电气安全措施。预防触电事故的主要技术措施包括采用安全电压，保证电气设备的绝缘性能、采取屏护、保证安全距离、合理选用电气装置、装设漏电保护装置和保护接地接零等。

2. 电气作业安全措施

在全部停电或部分停电的电气设备上工作,必须在完成停电、验电、装设接地线、悬挂标示牌和装设遮栏后,才能开始工作。

第三节 其他相关知识

一、供电用电基本知识

(一)低压供配电系统

电能是由发电厂产生的,一般要经过升压、输送、降压、分配等中间环节,然后送给用户使用。这些中间环节称作电力网,由发电厂、电力网和用户等组成的统一整体称为电力系统。一般中型工厂的电源进线电压是 6 ~ 10 kV。低压配电系统是由配电变电所、高压配电线路、配电变压器、低压配电线路及相应的控制保护设备组成。

根据现行的国家标准 GB 50054《低压配电设计规范》,将低压配电系统分为 TN、TT 和 IT 三种形式。其中,第一个大写字母 T 表示电源变压器中性点直接接地;I 表示电源变压器中性点不接地(或通过高阻抗接地)。第二个大写字母 T 表示电气设备的外壳直接接地,但和电网的接地系统没有联系;N 表示电气设备的外壳与系统的接地中性线相连。

一般中型工厂的电源进线电压是 6 ~ 10 kV。低压配电系统是由配电变电所(通常是将电网的输电电压降为配电电压)、高压配电线路(即 1 kV 以上电压)、配电变压器、低压配电线路(1 kV 以下电压)及相应的控制保护设备组成的。民用住宅的供电电压是 220 V;潮湿场所的电气设备、机床照明、移动行灯等设备使用的安全电压为 36 V;危险环境下使用的手持电动工具、特别潮湿场所的电气设备使用的安全电压为 12 V。

(二)临时供电用电设施

电气工程项目施工中要使用多种建筑机械和用电设备。在施工现场,一般是没有供电设备和设施的,因此需要架设临时用电系统,并在工程施工完成后予以拆除。临时用电系统虽然是"临时"搭建的,但是其设计、安装和验收等流程一样不可缺少,并且要符合相应的国家与行业标准。临时供电系统电源可通过架设发电机组提供,也可通过建设临时变电设施进行供电。由于时间与成本的因素,目前多数施工现场通过建设临时变电设施进行供电。

1. 配电箱与开关箱的安全技术措施

施工现场临时用电一般采用三级配电方式,设置总配电箱、分配电箱和末级配电箱(或称开关箱)。配电箱和开关箱的使用安全要求如下:

(1)配电箱、开关箱的箱体材料,一般选用钢板,亦可选用绝缘板,但不宜选用木质材料。

(2)电箱、开关箱安装端正、牢固,不得倒置、歪斜。固定式配电箱、开关箱的下底与地面垂直距离大于或等于 1.3 m,小于或等于 1.5 m;移动式分配电箱、开关箱的下底与地面的垂直距离大于或等于 0.6 m,小于或等于 1.5 m。所有配电箱门应配锁,不得在配电箱和开关箱内挂接或插接其他临时用电设备,开关箱内严禁放置杂物。

(3)配电箱、开关箱的接线应由电工操作,非电工人员不得乱接。进入开关箱的电源线,严禁用插销连接。电箱之间的距离不宜太远。分配电箱与开关箱的距离不得超过 30 m。开关箱与固定式用电设备的水平距离不宜超过 3 m。

（4）施工现场每台用电设备应有各自专用的开关箱,且必须满足"一机、一闸、一漏、一箱"的要求,严禁用同一个开关电器直接控制两台及两台以上用电设备。开关箱中必须设漏电保护器,其额定漏电动作电流不大于 30 mA,漏电动作时间不大于 0.1 s。

（5）在停、送电时,配电箱、开关箱之间应遵守合理的操作顺序:

送电操作顺序,即总配电箱 → 分配电箱 → 开关箱。

断电操作顺序,即开关箱 → 分配电箱 → 总配电箱。

2. 照明用电的安全技术措施

临时照明线路必须使用绝缘导线,户内(工棚)临时线路的导线必须安装在离地 2 m 以上支架上;户外临时线路必须安装在离地 2.5 m 以上支架上,零星照明线不允许使用花线,一般使用软电缆线。建设工程的照明灯具宜采用拉线开关。拉线开关距地面高度为 2 ~ 3 m,与出、入口的水平距离为 0.15 ~ 0.2 m。严禁在床头设立开关和插座。电器、灯具的相线必须经过开关控制。不得将相线直接引入灯具,也不允许以电气插头代替开关来分合电路,室外灯具距地面不得低于 3 m;室内灯具不得低于 2.4 m。

3. 焊接设备的安装与使用

电焊机是利用正负两极在瞬间短路时产生的高温电弧来熔化焊条上的钎料和被焊材料,使被接触物结合在一起的设备。电焊机在使用时,由于使用低压大电流,从而产生大量的热和干扰磁场,因此在使用和维护时应注意以下几点:

（1）电焊机应放置在防雨、干燥和通风良好的地方,且远离易受电磁干扰的设备和易燃、易爆物品。

（2）电焊机的外壳应可靠接地,不得串联接地;电焊机的裸露导电部分应装设安全保护罩,电焊钳绝缘应良好,施工现场使用交流电焊机时宜装配防触电保护器。

（3）电焊机的电源开关应单独设置,发电机式电焊机的电源应采用启动器控制。

（4）电焊机一次侧的电源电缆应绝缘良好,其长度不宜大于 5 m,电焊机的二次侧应采用防水橡皮护套铜芯软电缆,电缆长度不宜大于 30 m,不得采用金属构件或结构钢筋代替二次线的地线。

4. 移动用电设备的选用与维护

根据绝缘方式和绝缘等级的不同,手持式电动工具分为Ⅰ类、Ⅱ类、Ⅲ类三种类型。

Ⅰ类手持电动工具的额定电压超过 50 V,属于非安全电压,所以必须做接地或接零保护,同时还必须接漏电保护器以保安全。

Ⅱ类手持电动工具的额定电压超过 50 V,但它采用了双重绝缘或加强绝缘的附加安全措施。

Ⅲ类手持电动工具是采用安全电压的工具,它需要有一个隔离良好的双绕组变压器供电,变压器二次侧额定电压不超过 50 V,所以Ⅲ类手持电动工具也是不需要保护接地或接零的,但一定要安装漏电保护器。

二、钳工基本知识

（一）锉削

锉削就是用锉刀对工件表面进行切削加工,使工件达到图样所要求的尺寸。推进时加压力速度较慢,回程时不加压力速度稍快,动作要自然协调。当锉刀拉回时,应稍微抬起,以免磨钝锉齿或划伤工件表面。基本锉法有:顺向锉、交叉锉和推锉等。顺向锉一般适用于锉削不大的平面和最后的精锉。交叉锉纹一般用作粗加工,但在完成以前必须改用顺向锉。推锉适用于狭长平面以及加工余量不大或修整尺寸时。锉刀很脆,不能当撬棒或锤子使用,不能用嘴吹锉屑,也不能用手摸工件的表面。

(二)钻孔

钻孔就是利用钻头在工件上打孔的工作。钻床最常用的是台式钻床,用来加工直径小于12 mm 的孔。用手电钻钻孔时,要戴绝缘手套穿绝缘鞋。一般用220 V 电源,潮湿环境用36 V 的电源。钻夹头用来装夹直径13 mm 以下的钻头。工件尽量夹在钳口中间位置。

(三)攻螺纹

丝锥是用来加工较小直径内螺纹的成形刀具,丝锥的校准部分具有完整的牙形。普通螺纹牙形角为60°,在开始攻螺纹或套螺纹时,要尽量把丝锥或板牙方正,当切入 1 ~ 2 圈时,再仔细观察和校正对工件的垂直度。

(四)划线

划线是机械加工中的一道重要工序,广泛用于单件或小批量生产。对划线的基本要求是:线条清晰匀称,定型、定位尺寸准确。由于划线的线条有一定宽度,一般要求精度达到0.25 ~ 0.5 mm。应当注意,工件的加工精度不能完全由划线确定,而应该在加工过程中通过测量来保证。

三、环境保护与质量管理、文明生产

(一)环境保护知识

1. 环境污染

环境污染指由于人类活动把大量有毒有害污染物资排入环境,并不断积聚,以致危害人类正常生存和发展的现象,如大气、水、噪声污染等。公害是指由于环境污染和破坏,对多数人的健康、生命、财产等造成的公共性危害,如地面沉降、恶臭、电磁辐射和振动等。生态破坏是指生态系统遭到损坏,而威胁人类正常生存和发展的现象,如森林破坏、草原退化、水土流失、土地沙漠化、水源枯竭等。

2. 电工作业的主要环境危害的种类及防护

电磁污染包括天然电磁辐射和人为电磁辐射两种。天然电磁污染的污染源来自大自然,如雷电、火山爆发、地震等都会产生电磁干扰;人为电磁污染有电磁脉冲放电、电磁场和射频电磁辐射等。

噪声可分为气体动力噪声、机械噪声、电磁噪声(电器元件在交变磁场的作用下受迫振动,产生声音)。变压器、发电机发出的嗡嗡声、收音机发出的交流声等均为电磁噪声。

3. 电工作业的主要环境危害的控制

电工作业的主要环境危害的控制包括电磁辐射的控制、电磁噪声的控制和工业废弃物的处理。对于电磁辐射的控制,应该采取防护与治理措施,其中很重要的是对高频电磁设备采取屏蔽、接地、滤波、阻波抑制等措施;对于电磁噪声的控制,必须从控制声源、控制传播途径及加强个人防护三个方面入手;对于工业废弃物的处理,应减量化、无害化和资源化处理。

（二）现场文明生产

电气生产场地要坚持文明生产,现在很多现场都采用6S管理。6S就是整理(SEIRI)、整顿(SEITON)、清扫(SEISO)、清洁(SEIKETSU)、素养(SHITSUKE)、安全(SECURITY)六个项目,因均以"S"开头,简称6S。

（三）质量管理

对于每个职工来说,质量管理的主要内容有岗位的质量要求、质量目标、质量保证措施和质量责任等。质量管理是企业经营管理的一个重要内容,是关系到企业生存和发展的重要问题,也可以说是企业的生命线。其中岗位的质量要求包括操作程序、工作内容、工艺规程及参数控制等。岗位的质量要求,是每个职工都必须做到的最基本的工作职责。

理论试题精选 3

一、选择题(下列题中括号内,只有1个答案是正确的,将正确的代号填入其中)

1. 在供电为短路接地的电网系统中,人体触及外壳带电设备的一点同站立地面一点之间的电位差称为(　　)。如果人体直接接触带电设备及线路的一相时,电流通过人体而发生的触电现象称为(　　)。

A. 单相触电　　　B. 两相触电　　　C. 接触电压触电　　　D. 跨步电压触电

2. 直接接触触电包括(　　)。

A. 单相触电　　　B. 两相触电　　　C. 电弧伤害　　　D. 以上都是

3. (　　)mA的工频电流通过人体时,就会有生命危险。当流过人体的电流达到(　　)mA时,就足以使人死亡。

A. 0.1　　　B. 10　　　C. 50　　　D. 100

4. 如果触电者伤势较重,已失去知觉,但心跳和呼吸还存在,应使(　　)。

A. 触电者舒适、安静地平坦

B. 周围不围人,使空气流通

C. 解开伤者的衣服以利呼吸,并速请医生前来或送往医院

D. 以上都是

5. 人体触电后,会出现(　　)。

A. 神经麻痹　　　B. 呼吸中断　　　C. 心脏停止跳动　　　D. 以上都是

6. 电击是电流通过人体内部,破坏人的(　　)。

A. 内脏组织　　　B. 肌肉　　　C. 关节　　　D. 脑组织

7. 常见的电伤包括(　　)。

A. 电弧烧伤　　　B. 电烙印　　　C. 皮肤金属化　　　D. 以上都是

8. 下列不属于雷电的为(　　)。

A. 直接雷　　　B. 雷电侵入波　　　C. 球形雷　　　D. 电磁雷

9. 电伤是指电流的(　　)。

A. 热效应　　　B. 化学效应　　　C. 机械效应　　　D. 以上都是

10. 雷电的危害主要包括(   )。

A. 电性质的破坏   B. 热性质的破坏

C. 机械性质的破坏   D. 以上都是

11. 当人体触及(   )可能导致电击的伤害。

A. 带电导线   B. 漏电设备的外壳和其他带电体

C. 雷击或电容放电   D. 以上都是

12. (   )是人体能感觉有电的最小电流。

A. 感知电流   B. 触电电流   C. 伤害电流   D. 有电电流

13. 在超高压线路下或设备附近站立或行走的人,往往会感到(   )。

A. 不舒服、电击   B. 刺痛感、毛发耸立

C. 电伤、精神紧张   D. 电弧烧伤

14. 跨步电压触电,触电者的症状是(   )。

A. 脚发麻   B. 脚发麻、抽筋并伴有跌倒

C. 腿发麻   D. 以上都是

15. 当触电伤者严重,心跳停止,应立即进行胸外挤压法进行急救,其频率是(   )。

A. 约 80 次/min   B. 约 70 次/min   C. 约 60 次/min   D. 约 100 次/min

16. 如果触电伤者严重,呼吸停止,应立即进行人工呼吸,其频率是(   )。

A. 约 12 次/min   B. 约 20 次/min   C. 约 8 次/min   D. 约 25 次/min

17. 电器通电后发现冒烟、发出烧焦气味或着火时,应立即(   )。

A. 逃离现场   B. 用泡沫灭火器灭火

C. 用水灭火   D. 切断电源

18. 电器着火时下列不能用的灭火方法是(   )。

A. 用四氯化碳灭火   B. 用二氧化碳灭火   C. 用沙土灭火   D. 用水灭火

19. 对电气开关及正常运行产生火花的电气设备,应(   )存放可燃物质的地点。

A. 采用铁丝网隔断   B. 采用高压电网隔断

C. 靠近   D. 远离

20. 危险环境下使用的手持电动工具使用时的安全电压为(   )V。

A. 9   B. 12   C. 24   D. 36

21. 用试灯检查电枢绕组对地短路故障时,因试验所用为交流电源,从安全考虑应采用(   )V 电压。民用住宅的供电电压是(   )V。

A. 36   B. 110   C. 220   D. 380

22. 一般中型工厂的电源进线电压是(   )。

A. 380 kV   B. 220 kV   C. 10 kV   D. 400 V

23. 使用不导电的灭火器材,喷头与带电体电压为 10 kV 时,机体喷嘴距带电体的距离要大于(   )m。喷头与带电体电压为 35 kV 时,机体喷嘴距带电体距离要大于(   )m。火焰与带电体之间的最小距离,10 kV 及以下为(   )m。

A. 1.5   B. 0.4   C. 0.6   D. 2

24. 下面关于严格执行安全操作规程的描述,错误的是(   )。

A. 每位员工都必须严格执行安全操作规程

B.单位的领导不需要严格执行安全操作规程

C.严格执行安全操作规程是维持企业正常生产的根本保证

D.不同行业安全操作规程的具体内容是不同的

25.电工安全操作规程不包含(   )。

A.定期检查绝缘

B.禁止带电工作

C.上班带好雨具

D.电器设备的各种高低压开关调试时,悬挂标志牌,防止误合闸

26.严格执行安全操作规程的目的是(   )。

A.增强领导的权威性

B.限制工人的人身自由

C.保证人身和设备的安全以及企业的正常生产

D.企业领导习难工人

27.变配电设备线路检修的安全技术措施为(   )。

A.停电、验电   B.装设接地线

C.悬挂标示牌和装设遮栏   D.以上都是

28.电气设备巡视一般均由(   )人进行。电气设备维修值班一般应有(   )人以上。

A.1   B.2   C.3   D.4

29.高压设备室外不得接近故障点(   )m以内。

A.5   B.6   C.7   D.8

30.高压设备室内不得接近故障点(   )m以内。

A.1   B.2   C.3   D.4

31.电工的工具种类很多,(   )。

A.只要保管好贵重的工具就行了   B.价格低的工具可以多买一些,丢了也不可惜

C.要分类保管好   D.工作中,能拿到什么工具就用什么工具

32.下列不属于辅助安全用具的为(   )。

A.绝缘棒   B.绝缘鞋   C.绝缘垫   D.绝缘手套

33.下列不属于基本安全用具的为(   )。

A.绝缘棒   B.绝缘夹钳   C.验电笔   D.绝缘手套

34.下列需要每半年做一次耐压试验的用具为(   );需要每年做一次耐压试验的用具为(   )。

A.绝缘棒   B.绝缘夹钳   C.绝缘罩   D.绝缘手套

35.对自己所使用的工具,(   )。

A.每天都要清点数量,检查完好性   B.可以带回家借给邻居使用

C.丢失后,可以让单位再买   D.找不到时,可以拿其他员工的

36.用电设备的金属外壳必须与保护线(   )。

A.可靠连接   B.可靠隔离   C.远离   D.靠近

37.任何单位和个人不得非法占用变电设施用地、输电线路走廊和(   )。

A.电缆通道   B.电线   C.电杆   D.电话

38. 任何单位和个人不得危害发电设施、（　　）和电力线路设施及其有关辅助设施。
A. 变电设施　　　　　B. 用电设施　　　　　C. 保护设施　　　　　D. 建筑设施

39. 盗窃电能的,由电力管理部门追缴电费并处应交电费（　　）倍以下的罚款。
A. 3　　　　　　　　B. 10　　　　　　　　C. 4　　　　　　　　D. 5

40. 国家鼓励和支持利用可再生能源和（　　）发电。
A. 磁场能　　　　　B. 机械能　　　　　C. 清洁能源　　　　　D. 化学能

41. 生产环境的整洁卫生是（　　）的重要方面。
A. 降低效率　　　　B. 文明生产　　　　C. 提高效率　　　　D. 增加产量

42. 文明生产的内部条件主要指生产有节奏、（　　）、物流安排科学合理。
A. 增加产量　　　　B. 均衡生产　　　　C. 加班加点　　　　D. 加强竞争

43. 文明生产的外部条件主要指（　　）、光线等有助于保证质量。
A. 设备　　　　　　B. 机器　　　　　　C. 环境　　　　　　D. 工具

44. 文明生产要求零件、半成品、（　　）放置整齐,设备仪器保持良好状态。
A. 原料　　　　　　B. 工夹量具　　　　C. 服装　　　　　　D. 电表

45. 不符合文明生产要求的做法是（　　）。
A. 爱惜企业的设备、工具和材料　　　　B. 下班前搞好工作现场的环境卫生
C. 工具使用后按规定放置到工具箱中　　D. 冒险带电作业

46. 有关文明生产的说法,（　　）是不正确的。
A. 为了及时下班,可以直接拉断电源总开关
B. 下班前搞好工作现场的环境卫生
C. 工具使用后应按规定放置到工具箱中
D. 电工一般不允许冒险带电作业

47. 符合文明生产要求的做法是（　　）。
A. 为了提高生产效率,增加工具损坏率
B. 下班前搞好工作现场的环境卫生
C. 工具使用后随意摆放
D. 冒险带电作业

48. 保持电气设备正常运行要做到（　　）。
A. 保持电压、电流、温升等不超过允许值
B. 保持电气设备清洁、通风良好
C. 保持电气设备绝缘良好;保持各导电部分连接可靠良好
D. 以上都是

49. 下列电磁污染形式不属于人为的电磁污染的是（　　）。
A. 脉冲放电　　　　B. 电磁场　　　　　C. 射频电磁污染　　D. 地震、磁暴

50. 下列电磁污染形式不属于自然的电磁污染的是（　　）。
A. 火山爆发　　　　B. 地震　　　　　　C. 雷电　　　　　　D. 射频电磁污染

51. 与环境污染相近的概念是（　　）;与环境污染相关且并称的概念是（　　）。
A. 生态破坏　　　　　　　　　　　　　B. 电磁辐射污染
C. 电磁辐噪声污染　　　　　　　　　　D. 公害

52. 下列污染形式中不属于生态破坏的是( )。

A. 森林破坏 B. 水土流失 C. 水源枯竭 D. 地面沉降

53. 下列污染形式中不属于公害的是( )。

A. 地面沉降 B. 恶臭 C. 水土流失 D. 振动

54. 防雷装置包括( )。

A. 接闪器、引下线、接地装置 B. 避雷针、引下线、接地装置

C. 接闪器、接地线、接地装置 D. 接闪器、引下线、接零装置

55. 噪声可分为气体动力噪声、( )和电磁噪声。

A. 电力噪声 B. 水噪声 C. 电气噪声 D. 机械噪声

56. 下列控制声音传播的措施中,( )不属于消声措施。

A. 使用吸声材料 B. 采用声波反射措施

C. 电气设备安装消声器 D. 使用个人防护用品

57. 下列控制声音传播的措施中,( )不属于个人防护措施。

A. 使用耳塞 B. 使用耳罩 C. 使用耳棉 D. 使用隔声罩

58. 收音机发出的交流声属于( );变压器的"嗡嗡"声属于( )。

A. 机械噪声 B. 气体动力噪声 C. 电磁噪声 D. 电力噪声

59. 岗位的质量要求,通常包括操作程序、( )、工艺规程及参数控制等。

A. 工作计划 B. 工作目的 C. 工作内容 D. 操作重点

60. 对于每个职工来说,质量管理的主要内容有岗位的质量要求、质量目标、( )和质量责任等。

A. 信息反馈 B. 质量水平 C. 质量记录 D. 质量保证措施

61. 工件尽量夹在钳口( )。

A. 上端位置 B. 中间位置 C. 下端位置 D. 左端位置

62. 锉刀很脆,( )当撬棒或锤子使用。

A. 可以 B. 许可 C. 能 D. 不能

63. 当锉刀拉回时,应( ),以免磨钝锉齿或划伤工件表面。

A. 轻轻划过 B. 稍微抬起 C. 抬起 D. 拖回

64. ( )适用于狭长平面以及加工余量不大时的锉削。

A. 顺向锉 B. 交叉锉 C. 推锉 D. 曲面锉削

65. 在开始功螺纹或套螺纹时,要尽量把丝锥或板牙方正,当切入( )圈时,再仔细观察和校正对工件的垂直度。

A. 0~1 B. 1~2 C. 2~3 D. 3~4

66. 普通螺纹的牙形角是( )。

A. 50° B. 55° C. 60° D. 65°

67. 丝锥的校准部分具有( )的牙形。

A. 较大 B. 较小 C. 完整 D. 不完整

68. 用手电钻钻孔时,要带( )穿绝缘鞋。

A. 口罩 B. 帽子 C. 绝缘手套 D. 眼镜

69. 钻夹头用来装夹直径( )mm 以下的钻头;台钻是小型钻床,用来钻直径( )及以下的孔。

A. 10   B. 11   C. 12   D. 13

70. 台钻钻夹头的松紧必须用专用（   ），不准用锤子或其他物品敲打。

A. 工具   B. 扳子   C. 钳子   D. 钥匙

71. 一次事故造成人身死亡达 3 人及以上，或一次事故死亡和重伤 10 人及以上的为（   ）。

A. 特大人身事故   B. 重大人身事故   C. 人身伤亡事故   D. 一般事故

72. 强制执行类使用的颜色标识是（   ）。

A. 红色   B. 绿色   C. 黄色   D. 蓝色

73. "当心触电""注意安全"应该选用（   ）色标；安全、通过、允许、工作类使用的颜色标识是（   ）；禁止、停止、消防类使用的标识是（   ）。

A. 红色   B. 绿色   C. 黄色   D. 黑色

74. 黑色标识的含义是（   ）。

A. 强制执行   B. 警告   C. 允许   D. 停止

75. 保护接地线应选用（   ）线。

A. 红色线   B. 绿色线   C. 黄色线   D. 黄绿双色线

76. 保护接零线应选用（   ）线。

A. 红色线   B. 绿色线   C. 黄色线   D. 黑色线

77. 三相交流电路中，A 相用（   ）、B 相用（   ）、C 相用（   ）颜色标记。

A. 红   B. 黄   C. 绿   D. 蓝

78. Ⅲ类手持电动工具其额定电压不超过（   ）V。

A. 30   B. 40   C. 50   D. 60

79. 空气湿度小于（   ）的一般场所可选用Ⅰ类或Ⅰ类手持式电动工具。

A. 75%   B. 80%   C. 85%   D. 90%

80. 在（   ）或在金属构架上进行作业，应选用Ⅱ类或由安全隔离变压器供电的Ⅲ类工具。

A. 一般场所   B. 良好的作业场所

C. 潮湿场所   D. 空气干燥场所

81. 手持式电动工具包括（   ）。

A. 电钻   B. 电焊钳   C. 电刨   D. 以上都是

82. 禁止类标示牌的规格是（   ）。

A. 100 mm × 100 mm   B. 100 mm × 160 mm

C. 200 mm × 160 mm   D. 200 mm × 200 mm

83. 对颜色有较高区别要求的场所，宜采用（   ）；发光效率最低的是（   ）。

A. 白炽灯   B. 日光灯   C. 卤钨灯   D. LED

84. 拉线开关距地面高度（   ）m，拉线出口垂直向下。

A. 0.3 ~ 0.8   B. 0.8 ~ 1.2   C. 1.2 ~ 1.8   D. 2 ~ 3

85. 我国常用导线标称截面 70 mm² 与 120 mm² 的中间还有一级导线的截面是（   ）mm²。

A. 80   B. 95   C. 100   D. 110

86. 本安防爆型电路及关联配线中的电缆、钢管、端子板应有(　　)的标志。

A. 蓝色　　　　　　　B. 红色　　　　　　　C. 黑色　　　　　　　D. 绿色

87. 杆上作业传递工具、器材应采用(　　)方法。

A. 抛扔　　　　　　　B. 绳传递　　　　　　C. 下地拿取　　　　　D. 长杆挑送

二、判断题(将判断结果填在括号中,正确的填√,错误的填×)

(　　)1. 触电的形式是多种多样的,但除了因电弧灼伤及熔融的金属飞溅灼伤外,可大致归纳为两种形式。

(　　)2. 电伤伤害是造成触电死亡的主要原因,是最严重的触电事故。

(　　)3. 为了防止发生人身触电事故和设备短路或接地故障,带电体之间、带电体与地面之间、带电体与其他设施之间、工作人员与带电体之间必须保持的最小空气间隙,称为安全距离。

(　　)4. 生态破坏是指由于环境污染和破坏,对多数人的健康、生命、财产造成的公共性危害。

(　　)5. 变压器的"嗡嗡"声属于机械噪声。发电机发出的"嗡嗡"声,属于气体动力噪声。

(　　)6. 触电急救的要点是动作迅速、救护得法。发现有人触电,首先使触电者尽快脱离电源。如果触电者伤势严重,心跳和呼吸均已停止,应立即就地抢救或请医生前来。

(　　)7. 在爆炸危险场所,如有良好的通风装置,能降低爆炸性混合物的浓度,场所危险等级可以降低。

(　　)8. 用耳塞、耳罩、耳棉等个人防护用品来防止噪声的干扰,在所有场合都是有效的。

(　　)9. 长时间与强噪声接触,人会感到烦躁不安,甚至丧失理智。

(　　)10. 锉刀很脆,可以当撬棒或锤子使用。

(　　)11. 钻夹头用来装夹直径 12 mm 以下的钻头。

(　　)12. 用手电钻钻孔时,要戴绝缘手套、穿绝缘鞋。

(　　)13. 文明生产是保证人身安全和设备安全的一个重要方面。

(　　)14. 岗位的质量要求是每个领导干部都必须做到的最基本的岗位工作职责。

(　　)15. 对于每个职工来说,质量管理的主要内容有岗位的质量要求、质量目标、质量保证措施和质量责任等。

(　　)16. 在电气设备上工作应填用工作票或按命令令执行,其方式有两种。

(　　)17. 没有生命危险的职业活动中,不需要制定安全操作规程。

(　　)18. 电工在维修有故障的设备时,重要部件必须加倍爱护,而像螺丝、螺帽等通用件可以随意放置。

(　　)19. 当锉刀拉回时,应稍微抬起,以免磨钝锉齿或划伤工件表面。

(　　)20. 防爆标志是一种简单表示电气设备性能的方法,通过防爆标志可以确认电气设备的类别、防爆形式以及级别。

(　　)21. 落地扇、手电钻等移动式用电设备一定要安装使用漏电保护开关。

(　　)22. 影响人类生活环境的电磁污染源,可分为自然的和人为的两大类。

( )23. 环境污染的形式主要有大气污染、水污染、噪声污染等。

( )24. 发现电气火灾后,应尽快用水灭火。

( )25. 电气设备尤其是高压电气设备一般应有四人值班。

( )26. 电气火灾的特点是着火后电气设备和线路可能是带电的,如不注意,即可能引起触电事故。

( )27. 当生产要求必须使用电热器时,应将其安装在非燃烧材料的底板上。

( )28. 文明生产是指生产的科学性,要创造一个保证质量的内部条件和外部条件。

( )29. 安装临时用电线路的电气作业人员,应持有电工作业证。

( )30. 电流对人体的伤害可分为电击和电伤。

( )31. 质量管理是企业经营管理的一个重要内容,是关系到企业生存和发展的重要问题。

第三章
电子技术与仪器仪表

学习目标

1.掌握二极管、三极管的符号、分类及特性、判别;掌握晶闸管的符号、型号含义、晶闸管的使用及选用方法;78、79 系列三端稳压集成电路选用方法。

2.掌握整流电路、滤波电路、稳压电路的工作原理、基本应用。

3.熟悉阻容耦合放大电路工作原理;掌握单相晶闸管整流电路工作原理。

4.熟悉常用电工工具、量具使用知识;掌握常用电工仪器、仪表使用知识。

第一节　电子技术基础知识

半导体的导电能力介于导体(金、银、铜)和绝缘体(塑料、橡胶、陶瓷)之间的物质。常用的半导体材料有锗和硅,如果在其中掺入微量的杂质就可以提高导电能力,称为杂质半导体,包括 N 型半导体[在其中掺入微量的五价元素(如磷)]和 P 型半导体[掺入微量的三价元素(如硼)]。在实际应用中,经常在一块半导体晶片上用不同的掺入杂质工艺,使其一边成为 P 型半导体而在另一边形成 N 型半导体,从而在交界面上形成一种特殊的结构——PN 结。这个 PN 结是构成二极管、三极管等各种半导体器件的核心。

一、常用电子元件

(一)二极管

1. 二极管的结构与符号

半导体二极管简称二极管,由一个 PN 结构成,在 PN 结上加接触电极、引线和管壳封装而成,其图形符号如图 3-1 所示。

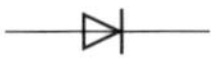

按结构分,通常有点接触型和面接触型两类。点接触型二极

图 3-1　二极管的图形符号

管的 PN 结的面积小,只能通过很小的电流,但其高频性能好,主要用于小电流、高频检波等场合,也用作数字电路中的开关元件。点接触型二极管一般为锗二极管。面接触型二极管的 PN 结的面积大,可以承受较大的电流,常用于整流电路,但结面积大,工作频率较低,不能用于高频电路中。面接触型二极管一般为硅二极管。

2. 二极管的伏安特性

二极管最主要的特性是单向导电性,加正向电压时导通,加反向电压时截止,即正偏导通,反偏截止。通常用它的伏安特性来表示,图3-2为二极管伏安特性曲线示意图。

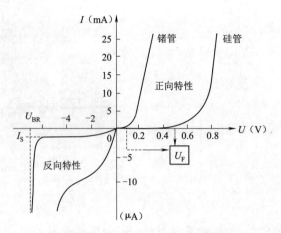

图3-2 二极管伏安特性曲线示意图

正向特性:二极管正向电压只有大于某一值时才导通,这个电压值称为死区电压,用 U_F 表示。通常硅管的死区电压约为 0.5 V,锗管的死区电压约为 0.1 V。导通后二极管两端的电压稳定,硅管为 0.6~0.8 V(一般取 0.7 V),锗管为 0.1~0.3 V(一般取 0.2 V);电流随电压增加而迅速增加。

反向特性:二极管能承受一定量的反向电压,即在达到某一反向电压值时,二极管都能保持不导通状态。当达到一定极限值(定义为反向击穿电压 U_{BR})后,二极管反向饱和电流 I_S 就突然急剧增加,这一现象称为二极管反向击穿。

3. 二极管的分类

二极管的类型很多,按材料来分,最常用的有硅管和锗管两种;按用途来分,有普通二极管、整流二极管、稳压二极管等多种。稳压二极管(简称稳压管),是一种特殊的半导体硅二极管,它是工作在反向击穿区,具有稳压作用的一类特殊二极管,广泛应用于稳压电源和限幅电路中。发光二极管简写为 LED,是一种光发射器件,能把电能直接转化成光能,广泛用于电视机、仪器仪表中的电源和信号的指示电路中。

(二)三极管

1. 三极管的结构与符号

半导体三极管简称三极管,是由两个 PN 结的三层半导体制成的。按结构可分成 NPN 型和 PNP 型两种。图3-3 为三极管图形符号及电流流向。在三层半导体中,中间一层称为基区,引出的电极称为基极,以字母 B 或 b 表示;两边的半导体浓度不同,浓度高的为发射区,引出的电极称为发射极,以字母 E 或 e 表示;浓度低的为集电区,引出的电极称为集电极,以字母 C 或 c 表示,两个 PN 结分别称为发射结[E(e)、B(b)间]和集电结[C(c)、B(b)之间]。

2. 三极管的特性

三极管也存在死区电压(硅管 0.5 V,锗管 0.1 V),只有当输入电压大于死区电压时,三极管才出现基极电流。三极管导通时,发射级电压 U_{BE} 变化不大,硅管为 0.6~0.7 V,锗管为 0.2~0.3 V。半导体三极管具有三种工作状态,即放大、饱和和截止。三极管的输出特性曲线如图3-4 所示,主要可分为三个区域:

(1)放大区。发射结正偏,集电结反偏,三极管具有电流放大作用,$\Delta I_C = \beta\Delta I_B$。

(2)饱和区。发射结正偏,集电结正偏。

(3)截止区。发射结反偏,集电结反偏。

(a) NPN型　(b) PNP型

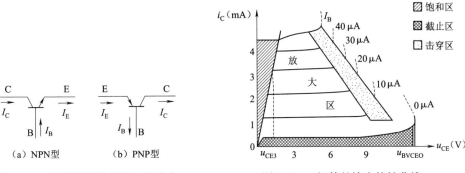

图 3-3　三极管图形符号及电流流向

图 3-4　三极管的输出特性曲线

3. 三极管的分类

三极管按材料不同分可分为硅管和锗管;按频率高低可分为高频管和低频管,频率在 3 MHz以下为低频管,频率在 3 MHz 以上为高频管;按功率大小分,小于 500 mW 的为小功率管、大于 0.5 W 且小于 1 W 的中功率管、大于 1 W 的为大功率管。

(三)晶闸管

晶闸管是一种理想的无触点开关元件,能在高电压、大电流条件下工作,并且它的工作过程可以控制,被广泛应用于可控整流、无触点电子开关及变频等电子电路中,是典型的小电流控制大电流的设备。

1. 晶闸管的结构与符号

晶闸管是一种 PNPN 四层半导体元件,具有三个 PN 结;它有三个引出的电极,如图 3-5 所示。由 P_1 引出的是阳极 A,P_2 引出的是门极(控制极)G,N_2 引出的是阴极 K。单向晶闸管很像一只二极管,只比二极管多了一个控制极 G。双向晶闸管在结构上可以看作是一对反向并联连接的普通晶闸管,双向晶闸管具有(5 层)结构。利用双向晶闸管可以进行交流调压。

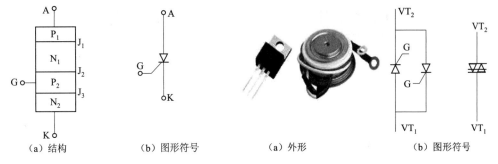

(a) 结构　(b) 图形符号

图 3-5　晶闸管结构图及图形符号

(a) 外形　(b) 图形符号

图 3-6　双向晶闸管外形图及图形符号

2. 晶闸管的工作原理

晶闸管的导通条件是:阳极和阴极加上正向阳极电压,门极 G 和阴极加上适当足够大的正向电压。导通后,可以取消门极电压,仍处于导通状态。

晶闸管的关断条件是：在阳极和阴极之间加上反向电压或将阳极电压断开，使阳极电流小于维持电流而关断。

3. 晶闸管的主要参数

（1）额定电流 $I_{T.AV}$（额定通态平均电流）

简单地说，额定电流是允许通过的工频正弦半波电流的平均值。选择时应该取实际电流有效值 I_T 的 1.5 ~ 2 倍，$1.57 I_{T.AV} \geq (1.5 \sim 2) I_T$。

（2）额定电压 U_{TN}（重复峰值电压）

选择时应考虑到电路中的瞬时过电压，需留有较大安全系数，即满足 $U_{TN} \geq (2 \sim 3) U_{TM}$，其中 U_{TM} 为晶闸管上可能出现的最高瞬时电压。

（3）断态电压临界上升率 du/dt 和电流上升率 di/dt

晶闸管断态时，为了避免电压上升过快（电压尖峰），实际应用中，经常在管子两端并联阻容吸收支路。晶闸管在刚导通时，电流上升过快（电流尖峰），易使管子损坏，因此实际应用时，通常在电路中串联空芯电感器。晶闸管过电流保护方法中，最常用的是串联快速熔断器；过电压保护方法是并联压敏电阻。

4. 晶闸管的型号

KP□ – □□，第一个字母 K 表示闸流特性；第二个字母如果是 P 表示普通型，如果是 K 表示快速型，如果是 S 表示双向型；第一个方框表示额定电流；第二个方框表示正反向重复峰值电压（额定电压）；第三个方框表示通态平均电压组别（小于 100 A 不标出）。

例：KP200-15，表示额定电流为 200 A，额定电压为 1 500 V 的普通型晶闸管元件。

第二节　常用电子电路分析

稳压电路（稳压器）是为电路或负载提供稳定的输出电压的一种电子设备。稳压电路的输出电压大小基本上与电网电压、负载及环境温度的变化无关。稳压电路是整个电子系统的一个组成部分，也可以是一个独立的电子部件。小功率直流稳压电源的组成即交流变直流示意图如图 3-7 所示。

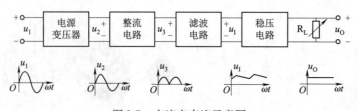

图 3-7　交流变直流示意图

一、单相晶闸管整流电路

整流电路是将交流电变为直流电的电路，分为单相整流电路和三相整流电路。整流电路中起整流作用的元件是具有单向导电性的二极管或晶闸管。在小功率整流电路中，交流电源通常是单相的，故采用单相整流电路。本书主要结合标准讲解单相半波可控整流和单相全控桥式整流电路等。

（一）单相半波可控整流电路

1. 电阻性负载

在可控整流电路中,把晶闸管开始承受正向电压到触发导通的这段时间所对应的电角度称为控制角(移相角),用符号 α 表示。晶闸管在一周内导通的电角度称为导通角,用符号 θ 表示。在单相半波可控整流电路中,显然 $\theta = 180° - \alpha$,控制角 α 越小,导通角 θ 越大,直流输出电压平均值 U_d 就越大。图 3-8 为单相半波可控整流电路带电阻性负载的电路图和波形图,u_g 为控制极触发电压。

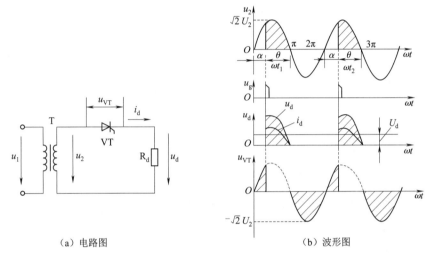

（a）电路图　　　　　　　　　　　　（b）波形图

图 3-8　单相半波可控整流电路带电阻性负载的电路图和波形图

直流输出电压平均值 U_d 的计算公式为

$$U_d = 0.45U_2 \frac{1 + \cos \alpha}{2} \tag{3-1}$$

α 的变化范围称为移相范围,单相半波可控整流电路的移相范围为 $0 \sim 180°$。$\alpha = 180°$ 时,$U_d = 0$,随着 α 的增大,直流输出电压平均值 U_d 逐渐减小。晶闸管两端可能出现的最大正向和反向电压 U_{TM} 就是电源电压 U_2 的峰值电压,即 $U_{TM} = 1.414U_2$。

2. 电感性负载

在实际应用中,除了上述电阻性负载外,经常遇到的是电感性负载,如各种电动机的励磁绕组、各种电感线圈等,移相范围为 $0 \sim 90°$。这种电路实际上并不采用,通常使用时都在负载两端并联有续流二极管,目的是去掉输出电压的负值部分,此时,输出电压波形与带电阻性负载时相同,输出直流电压平均值的计算公式也与带电阻性负载时相同,移相范围与带电阻性负载时同为 $0 \sim 180°$。虽然单相半波可控整流电路线路简单,但存在带电阻性负载时,输出直流电压脉动大,整流变压器二次绕组存在直流电流分量造成铁芯直流磁化等缺点,因而单相半波可控整流电路只适用于小容量,对输出波形要求不高的场合。

在中小容量、负载要求较高的晶闸管的可控整流装置中,较常用的是单相全控(半控)桥式整流电路。

（二）单相全控桥式整流电路

1. 电阻性负载

图 3-9 为单相全控桥式整流电路带电阻性负载的电路图和波形图,由图 3-9(b)可见,全控

桥的输出直流电压比半波可控整流电路多了一倍的波形面积,因此输出直流电压平均值 U_d 显然也比半波可控整流要多一倍。直流输出电压平均值 U_d 可计算为

$$U_d = 0.9U_2\frac{1 + \cos \alpha}{2} \tag{3-2}$$

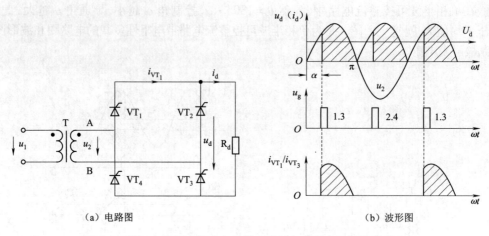

(a)电路图　　　　　　　　　(b)波形图

图 3-9　单相全控桥式整流电路带电阻性负载的电路图和波形图

带电阻性负载时,移相范围为 $0 \sim 180°$,晶闸管两端电压峰值仍为 U_2 的峰值。

2.电感性负载

输出直流电压平均值:$U_d = 0.9U_2\cos \alpha$,带大电感负载时,移相范围为 $0 \sim 90°$。晶闸管两端最大电压 U_{TM} 就是电源电压 U_2 的峰值电压,即 $U_{TM} = 1.414U_2$。晶闸管电流平均值是负载的一半。

单相桥式全控整流电路的优点是提高了变压器的利用率,不需要带中间抽头的变压器,且输出电压脉动小,其实际应用比较广泛。为了使用方便,器件厂家专门生产整流堆,即整流元件的组合件,主要应用于要求较高或要求逆变的小功率单相可控整流电路。

(三)单相半控桥式整流电路

单相半控桥式整流电路就是把全控桥的两个晶闸管改成二极管。当接电阻性负载时,与全控相同;当接电感性负载时,直流输出电压平均值 U_d 计算为式(3-2)。

单相半控桥电路的移相范围与负载无关,都为 $0 \sim 180°$。晶闸管和整流二极管上的最大电压 U_{TM} 就是电源电压 U_2 的峰值电压,即 $U_{TM} = 1.414U_2$。当控制角 $\alpha = 60°$ 时,续流二极管中的电流与晶闸管中的电流相等。

二、三端稳压集成电路

为了能够提供更加稳定的直流电压,在整流滤波电路的后面需要加上稳压电路。常见的稳压电路有:并联型稳压电路、串联型稳压电路等。典型的串联型稳压电路至少包括调整管、基准电压电路、取样电路、比较放大电路四个部分组成。如果将串联型稳压电源电路全部集成在一块硅片上,加以封装后引出三端引脚,就成了三端集成稳压电源了。

(一)三端集成稳压器的选用

1. 型号

三相集成稳压电路可分输出电压固定和可变两大类。最常用的是输出电压固定的CW7800系列(输出正电压)和CW7900系列(输出负电压),即三端集成稳压电路可分正输出电压和负输出电压两大类。CW7805表示输出电压是 + 5 V,CW7912 表示输出电压为 - 12 V等。两个系列输出电压分别都有 5 V、6 V、9 V、12 V、15 V、18 V、24 V 共 7 个挡次。封装形式有金属壳封装和塑料封装。CW317 系列稳压器输出连续可调的正电压 1.2 ~ 37 V,CW337 系列稳压器输出连续可调的负电压。图 3-10 为三端集成稳压管结构及符号。

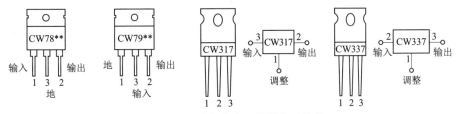

图 3-10　三端集成稳压管结构及符号

2. 性能

目前可以采用三端集成稳压器来实现稳压,它属于串联调整式。三端集成稳压器的内部结构比较复杂,除了典型的串联式稳压电路外,还有启动电路和三种保护电路,从而使得电路具有过流保护、过热保护和安全区保护的功能。外部只有三个引脚,分别为输入端、输出端和公共端,因而称为三端集成稳压器,其中输入端接整流滤波电路,输出端接负载;公共端接输入、输出的公共连接点。最大输出电流为 1.5 A,为了保证电路的正常工作,要求输入电压至少比输出电压高 2 V,但是输入电压最高不得超过 40 V。CW79 系列的管脚与 CW78 系列不同,其中 1 为公共端、2 为输出端、3 为输入端。在选用时,首先选择电压,之后需要的参数就是输出的最大电流值,例如 78L 系列就是最大输出电流为 0.1 A;78M 系列就是最大输出电流为 1 A;78 后面不带字母则默认为 1.5 A。

(二)三端集成稳压器的安装、调试

在实际应用中,经常需要输出正、负电压的稳压电源,图 3-11 是输出正、负电压的稳压电路。该电路由 CW7815 和 CW7915 三端集成稳压器组成,CW7815 三端集成稳压器输出 + 15 V电压,CW7915 三端集成稳压器输 - 15 V 电压。

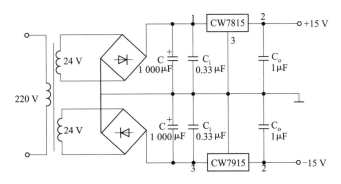

图 3-11　输出正、负电压的稳压电路

在搭接电路时一定要断开电源,在所有元件搭接完毕,确认无误后才允许通电。电解电容器极性要正确,不能接反,否则电容器将被反向击穿。电路中所有的接地端都要共地。

三、放大电路

(一)基本放大电路

在生产和科学试验中,往往要求用微弱的信号去控制较大功率的负载,这就需要使用放大电路对信号进行放大。三极管的主要用途之一就是利用其放大作用来组成放大电路。

1. 基本放大电路的特点及应用

三种基本放大电路的比较见表3-1。

表3-1 三种基本放大电路的比较

电路类型	作 用	输入电阻	输出电阻	特 点	应 用
共集电极放大	只有电流放大	最大	最小	同相放大	放大电路
共基极放大	只有电压放大	最小	最大	同相放大	高频宽频
共发射极放大	电压、电流都能放大	居中	较大	反相放大	低频电路

2. 基本放大电路原理

(1)各元件的作用

三极管 VT:放大元件,利用它的电流放大作用,在集电极电路获得放大了的电流,这种电流受输入信号的控制。如果从能量观点来看,能量是守恒的,不能放大,输出的较大能量是来自直流电源 U_C 的。

集电极电源 U_C:电源 U_C 除为输出信号提供能量外,它还保证集电极处于反向偏置,以使晶体管起到放大作用。U_C 一般为几伏[特]到几十伏[特]。

集电极负载电阻(集电极电阻)R_c:把电流放大作用以电压放大作用形式表现出来。R_c 的阻值一般为几千欧[姆]到几十千欧[姆]。

基极偏置电阻 R_b:提供大小适当的正向偏置电流,并向发射极提供正向偏置电压。R_b 偏大,会出现截止失真;R_b 偏小,会出现饱和失真。

耦合电容 C_1、C_2:起耦合、隔直流的作用,通常采用电解电容器。

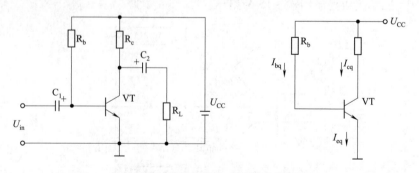

图3-12 共发射极放大电路示意图

（2）共射极放大电路的静态分析

放大电路的工作状态分为静态和动态两种，当放大电路无交流信号输入（$u_i = 0$），仅工作在直流状态时，称为静态；当放大电路有信号输入（$u_i \neq 0$），电路中的电压、电流将随输入信号的变化做相应变化，称为动态。

放大电路静态工作时三极管各极电压和电流 U_{BE}、I_B、U_{CE} 和 I_C 的数值叫作放大电路的静态工作点 Q，相应的电压、电流值记作 U_{BEQ}、I_{BQ}、U_{CEQ} 和 I_{CQ}。设置静态工作点的目的是避免非线性失真。U_{BEQ} 基本恒定（硅管约为 0.7 V，锗管约为 0.2 V）。$I_{BQ} = (U_{CC} - U_{BEQ})/R_b \approx U_{CC}/R_b$；$I_{CQ} = \beta I_{BQ}$；$U_{CEQ} = U_{CC} - I_{CQ}R_c$。

（二）阻容耦合放大电路

图 3-13 为两级阻容耦合放大电路。由于耦合电容 C_1、C_2 和 C_4 的隔直流作用，各级之间的直流工作状态是完全独立的，因此可分别单独调整。但是，对于交流信号，各级之间有着密切的联系，前级的输出电压就是后级的输入信号，因此两级放大器的总电压放大倍数等于各级放大倍数的乘积，同时后级的输入阻抗也就是前级的负载。

VT_1 输出无信号，由于第一级放大器不能正常工作，无输出信号到第二级放大器中，故整个电路不工作，应检查 VT_1 是否正常，检查第一级放大电路各元件是否正常。

U_o 输出无信号，由于第二级放大器不能正常工作，故整个电路不工作，应检查 VT_2 是否正常、检查 C_3 元件是否正常、检查第二级放大电路各元件是否正常。

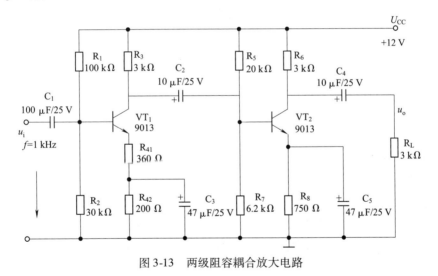

图 3-13　两级阻容耦合放大电路

四、滤波电路

整流电路输出的直流电压是单向脉动直流电压，其中包含有很大的交流分量。为了减小输出直流电压的脉动程度，减小交流分量，就要采用滤波电路，其滤波原理是利用这些电抗元件在整流二极管导通期间存储能量、在截止期间释放能量的作用，使输出电压变得比较平滑。常用的滤波电路按采用的滤波元件不同分成电容滤波和电感滤波等。电容滤波电路将电容 C 与负载并联；电感滤波电路将电感 L 与负载串联。

理论试题精选 4

一、选择题(下列题中括号内,只有1个答案是正确的,将正确的代号填入其中)

1. 当二极管外加反向电压时,反向电流很小,并且不随(   )变化。

    A. 正向电流   B. 正向电压   C. 电压   D. 反向电压

2. 当二极管外加的正向电压超过死区电压时,电流随电压增加而迅速(   )。

    A. 增加   B. 减小   C. 截止   D. 饱和

3. 点接触型二极管应用于(   );面接触型二极管应用于(   )。

    A. 整流   B. 稳压   C. 开关   D. 光敏

4. 点接触型二极管可工作于(   )电路。

    A. 高频   B. 低频   C. 中频   D. 全频

5. P型半导体是在本征半导体中加入微量的(   )元素构成的。

    A. 三价   B. 四价   C. 五价   D. 六价

6. 稳压二极管的正常工作状态是(   )。

    A. 导通状态   B. 截止状态   C. 反向击穿状态   D. 任意状态

7. 三极管是由三层半导体材料组成的,有三个区域,中间的一层为(   )。

    A. 基区   B. 栅区   C. 集电区   D. 发射区

8. 三极管的功率大于或等于(   )W 的为大功率管。

    A. 1   B. 0.5   C. 2   D. 1.5

9. 三极管的频率大于或等于(   )MHz 为高频管。

    A. 1   B. 2   C. 3   D. 4

10. 若使三极管具有电流放大能力,必须满足的外部条件是(   )。处于截止状态的三极管,其工作状态为(   )。

    A. 发射结正偏,集电结反偏   B. 发射结反偏或零偏,集电结反偏

    C. 发射结和集电结正偏   D. 发射结反偏、集电结反偏

11. 三极管超过(   )所示极限参数时,必定被损坏。

    A. 集电极最大允许电流 I_{CM} B. 集—射极间反问击穿电压 $U_{(BR)CEO}$

    C. 集电极最大允许耗散功率 P_{CM} D. 管子的电流放大倍数 β

12. 基极电流 i_B 的数值较大时,易引起静态工作点 Q 接近(   )。

    A. 截止区   B. 饱和区   C. 死区   D. 交越失真

13. 用万用表直流电压挡测得晶体管三个管脚的对地电压分别是 $U_1 = 2$ V, $U_2 = 6$ V, $U_3 = 2.7$ V,由此可判断该晶体管的管型和三个管脚依次为(   )。

    A. PNP 管,CBE   B. NPN 管,ECB   C. NPN 管,CBE   D. PNP 管,EBC

14. 测得某电路板上晶体三极管三个电极对地的直流电位分别为 $U_E = 3$ V, $U_B = 3.7$ V, $U_C = 3.3$ V,则该管工作在(   )。

    A. 放大区   B. 饱和区   C. 截止区   D. 击穿区

15. 普通晶闸管是(   )半导体结构;双向晶闸管是(   )半导体结构。

    A. 四层   B. 五层   C. 三层   D. 两层

16.普通晶闸管的额定电流是以工频( )电流的平均值来表示的。

A.三角波 B.方波 C.正弦半波 D.正弦全波

17.普通晶闸管中间P层的引出极是( );边上P层的引出极是( )。

A.漏极 B.阴极 C.门极 D.阳极

18.普通晶闸管属于( )器件。

A.不控 B.半控 C.全控 D.自控

19.晶闸管型号 KS20-8 中的 S 表示( )。

A.双层 B.双向 C.三层 D.三极

20.晶闸管型号 KS20-8 中的 8 表示( )。

A.允许的最高电压 800 V B.允许的最高电压 80 V

C.允许的最高电压 8 V D.允许的最高电压 8 kV

21.晶闸管两端( )的目的是实现过压保护。

A.串联快速熔断器 B.并联快速熔断器 C.并联压敏电阻 D.串联压敏电阻

22.晶闸管电路中串入小电感的目的是( )。

A.防止电流尖峰 B.防止电压尖峰 C.产生触发脉冲 D.产生自感电动势

23.晶闸管电路中串入快速熔断器的目的是( )。

A.过压保护 B.过流保护 C.过热保护 D.过冷保护

24.晶闸管两端( )的目的是防止电压尖峰;晶闸管电路中采用( )的方法来防止电流尖峰。

A.串联小电容 B.并联小电容 C.并联小电感 D.串联小电感

25.普通晶闸管的额定电压是用( )表示的;双向晶闸管的额定电流是用( )来表示的。

A.有效值 B.最大值 C.平均值 D.最小值

26.一只 100 A 的双向晶闸管可以用两只( )A 的普通晶闸管反并联来代替。

A.100 B.90 C.50 D.45

27.双向晶闸管一般用于( )线路。

A.交流调压 B.单相可控整流 C.三相可控整流 D.直流调压

28.用于电源为 220 V 交流电的可控整流电路中的普通晶闸管应选用耐压为( )V。

A.250 B.500 C.700 D.1 000

29.三端集成稳压器件 CW317 的输出电压为( )V。

A.1.25 B.5 C.20 D.1.25 ~ 37

30.三端集成稳压电路 W7805 的输出电压为( )V。

A. +5 B. −5 C.7 D.8

31.三端集成稳压电路 W7905 的输出电压为( )V。

A. +5 B. −5 C.7 D.8

32.一般三端集成稳压电路工作时,要求输入电压比输出电压至少高( )V。

A.2 B.3 C.4 D.1.5

33.78 及 79 系列三端集成稳压电路的封装通常采用( )。

A.TO-220、TO-202 B.TO-110、TO-202

C. TO-220、TO-101   D. TO-110、TO-220

34. 三端集成稳压电路78L06，允许的输出电流最大值为（   ）A。

  A. 1   B. 0.1   C. 1.5   D. 0.01

35. 三端集成稳压电路78M12，允许的输出电流最大值为（   ）A。

  A. 1   B. 0.1   C. 1.5   D. 0.01

36. 三端集成稳压电路78系列的输出电流最大值为（   ）A。

  A. 2   B. 1   C. 3   D. 1.5

37. CW7806的输出电压、最大输出电流分别为（   ）。

  A. 6 V、1.5 A   B. 6 V、1 A   C. 6 V、0.5 A   D. 6 V、0.1 A

38. CW78L05的输出电压、最大输出电流分别为（   ）。

  A. 5 V、1 A   B. 5 V、0.1 A   C. 5 V、0.5 A   D. 5 V、1.5 A

39. 为了增加带负载能力，常用共集电极放大电路的（   ）特性；为了以减小信号源的输出电流，降低信号源负担，常用共集电极放大电路的（   ）特性。

  A. 输入电阻大   B. 输入电阻小   C. 输出电阻大   D. 输出电阻小

40. 共射极放大电路的输出电阻与共基极放大电路的输出电阻相比（   ）。

  A. 大   B. 小   C. 相等   D. 不定

41. 共集电极放大电路具有（   ）放大作用。

  A. 电流   B. 电压   C. 功率   D. 没有

42. 具有电压放大且输入/输出信号同相的电路是（   ）；输入电阻最小的放大电路是（   ）。

  A. 共射极放大电路   B. 共集电极放大电路

  C. 共基极放大电路   D. 差动放大电路

43. 串联型稳压电路的取样电路与负载的关系为（   ）连接。

  A. 串联   B. 并联   C. 混联   D. 星形

44. 串联型稳压电路的调整管工作在（   ）状态。

  A. 放大   B. 饱和   C. 截止   D. 导通

45. 串联型稳压电路通常由（   ）部分组成。

  A. 一   B. 二   C. 三   D. 四

46. 常用的稳压电路有（   ）等。

  A. 稳压管并联型稳压电路   B. 串联型稳压电路

  C. 开关型稳压电路   D. 以上都是

47. 串联型稳压电路的调整管接成（   ）电路形式。

  A. 共基极   B. 共集电极   C. 共射极   D. 分压式共射极

48. 多级放大电路之间，常用共集电极放大电路，是利用其（   ）特性。

  A. 输入电阻大、输出电阻大   B. 输入电阻小、输出电阻大

  C. 输入电阻大、输出电阻小   D. 输入电阻小、输出电阻小

49. 分压式偏置共射放大电路，更换 β 大的管子，其静态值 U_{CEQ} 会（   ），I_{CQ} 会（   ）。分压式偏置共射放大电路，当温度升高时，其静态值 I_{BQ} 为（   ）。

  A. 增大   B. 变小   C. 不变   D. 无法确定

50. 固定偏置共射极放大电路，已知 $R_B=300$ kΩ，$R_C=4$ kΩ，$U_{CC}=12$ V，$\beta=50$，则 U_{CEQ} 为（　　）V。

  A. 6   B. 4   C. 3   D. 8

51. 固定偏置共射极放大电路，已知 $R_B=300$ kΩ，$R_C=4$ kΩ，$U_{CC}=12$ V，$\beta=50$，则 I_{CQ} 为（　　）。

  A. 2 μA   B. 3 μA   C. 2 mA   D. 3 mA

52. 固定偏置共射极放大电路，已知 $R_B=300$ kΩ，$R_C=4$ kΩ，$U_{CC}=12$ V，$\beta=50$，则 I_{BQ} 为（　　）。

  A. 40 μA   B. 30 μA   C. 40 mA   D. 10 μA

53. 下列不属于放大电路的静态值为（　　）。

  A. I_{BQ} B. I_{CQ} C. U_{CEQ} D. U_{CBQ}

54. 基本放大电路中，经过晶体管的信号有（　　）。

  A. 直流成分   B. 交流成分   C. 交直流成分   D. 高频成分

55. 放大电路的静态工作点的偏高易导致信号波形出现（　　）失真；放大电路的静态工作点的偏低易导致信号波形出现（　　）失真。

  A. 截止   B. 饱和   C. 交越   D. 非线性

56. 分压式偏置共射放大电路，稳定工作点效果受（　　）影响。

  A. R_C B. R_B C. R_E D. U_{CC}

57. 固定偏置共射放大电路出现饱和失真，是（　　）；固定偏置共射放大电路出现截止失真，是（　　）。

  A. R_B 偏小   B. R_B 偏大   C. R_C 偏小   D. R_C 偏大

58. 分压式偏置的共发射极放大电路中，若 U_B 点电位过高，电路易出现（　　）。

  A. 截止失真   B. 饱和失真   C. 晶体管被烧损   D. 不确定

59. 适合高频电路应用的电路是（　　）。

  A. 共射极放大电路   B. 共集电极放大电路

  C. 共基极放大电路   D. 差动放大电路

60. （　　）作为集成运放的输入级。

  A. 共射放大电路   B. 共集电极放大电路

  C. 共基极放大电路   D. 差动放大电路

61. 集成运放的输出级通常由（　　）构成。

  A. 共射放大电路   B. 共集电极放大电路

  C. 共基极放大电路   D. 互补对称射极放大电路

62. 射极输出器的输出电阻小，说明该电路的（　　）。

  A. 带负载能力强   B. 带负载能力差

  C. 减轻前级或信号源负荷   D. 取信号能力强

63. 下列不是集成运放的线性应用的是（　　）。

  A. 比例应用   B. 加法应用   C. 微分应用   D. 比较器

64. 单相桥式可控整流电路电阻性负载，晶闸管中电流平均值是负载的（　　）倍。

  A. 0.5   B. 1   C. 2   D. 0.25

65. 在单相半波可控整流电路中,α越大,输出U_d( )。

A. 越大   B. 越小   C. 不变   D. 不一定

66. 单相桥式整流电路的变压器二次侧电压为20 V,每个整流二极管所承受的最大反向电压为( )V。

A. 20   B. 28.28   C. 40   D. 56

67. 单相半波可控整流电路电感性负载接续流二极管,$\alpha = 90°$时,输出电压U_d为( )。

A. $0.45U_2$ B. $0.9U_2$ C. $0.225U_2$ D. $1.35U_2$

68. 单相半波可控整流电路电阻性负载,控制角$\alpha = 90°$时,输出电压U_d是( )。

A. $0.45U_2$ B. $0.9U_2$ C. $0.225U_2$ D. $1.35U_2$

69. 单相桥式可控整流电路电感性负载,控制角$\alpha = 60°$时,输出电压U_d是( )。

A. $1.17U_2$ B. $0.9U_2$ C. $0.45U_2$ D. $1.35U_2$

70. 单相桥式可控整流电路电感性负载带续流二极管时,晶闸管的导通角为( )。

A. $180° - \alpha$ B. $90° - \alpha$ C. $90° + \alpha$ D. $180° + \alpha$

71. 单相半波可控整流电路的电源电压为220 V,晶闸管的额定电压要留两倍裕量,则需选购( )V的晶闸管。

A. 250   B. 300   C. 500   D. 700

72. 单相半波可控整流电路电阻性负载的最大功率因数值是( )。

A. 0.707   B. 1.414   C. 0.5   D. 1

73. 单相桥式可控整流电路电感性负载,当控制角$\alpha = ($)时,续流二极管中的电流与晶闸管中的电流相等。

A. 90°   B. 60°   C. 120°   D. 300°

74. 单相半波可控整流电路的输出电压范围是( )

A. $0 \sim 1.35U_2$ B. $0 \sim U_2$ C. $0 \sim 0.9U_2$ D. $0 \sim 0.45U_2$

75. 单相半波可控整流电路电阻性负载,( )的移相范围是$0 \sim 180°$。

A. 整流角θ B. 控制角α C. 补偿角θ D. 逆变角β

76. 单相半波可控整流电路电感性负载时,控制角α的移相范围是( )。

A. $0 \sim 360°$ B. $0 \sim 270°$ C. $0 \sim 90°$ D. $0 \sim 180°$

77. 单相半波可控整流电路中晶闸管所承受的最高电压是( )。

A. $1.414U_2$ B. $0.707U_2$ C. U_2 D. $2U_2$

78. 要稳定输出电压,减少电路输入电阻应选用( )负反馈;要稳定输出电压,增大电路输入电阻应选用( )负反馈;要稳定输出电流,减少电路输入电阻应选用( )负反馈;要稳定输出电流,增大电路输入电阻应选用( )负反馈。

A. 电压串联   B. 电压并联   C. 电流串联   D. 电流并联

79. 容易产生零点漂移的耦合方式是( );能用于传递缓慢或直流信号的耦合方式是( );能用于传递交流信号且具有阻抗匹配的耦合方式是( );能用于传递交流信号,电路结构简单的耦合方式是( )。

A. 阻容耦合   B. 变压器耦合   C. 直接耦合   D. 电感耦合

80. 符合有"1"得"0",全"0"得"1"的逻辑关系的逻辑门是( )。

A. 或门   B. 与门   C. 与非门   D. 或非门

二、判断题(将判断结果填在括号中,正确的填√,错误的填×)

(　　)1.三极管有两个 PN 结、三个引脚、三个区域。

(　　)2.三极管符号中的箭头表示发射结导通时电流的方向。

(　　)3.二极管具有单向导电性,是线性元件,其图形符号表示正偏导通时的方向。

(　　)4.二极管两端加上正向电压就一定会导通,工作在反向击穿区一定被击穿。

(　　)5.单相桥式可控整流电路中,两组晶闸管交替轮流工作。

(　　)6.二极管由一个 PN 结、两个引脚、封装组成。

(　　)7.二极管按结面积可分为点接触型、面接触型。

(　　)8.当二极管外加电压时,反向电流很小,并且不随反向电压变化。

(　　)9.晶闸管型号 KS20 - 8 表示三相晶闸管。

(　　)10.晶闸管型号 KP20 - 8 表示普通晶闸管。

(　　)11.由晶体管组成的放大电路,其主要作用是将微弱的电信号放大成所需的较
强的电信号。

(　　)12.CW7805 的输出电压为 5 V,它的最大输出电流为 1.5 V。

(　　)13.三相集成稳压电路可分输出电压固定和可变两大类。

(　　)14.双向晶闸管是四层半导体结构。

(　　)15.单相桥式可控整流电路电感性负载,输出电流的有效值等于平均值。

(　　)16.三端集成稳压电路选用时,既要考虑输出电压,又要考虑输出电流的最大值。

(　　)17.放大电路的静态工作点的高低对信号波形没有影响。

(　　)18.单相桥式全控整流电路,如果作为可逆变的一般整流工作时,可以只用两个晶
闸管,另外两个晶闸管则用续流二极管替代。

(　　)19.KCJ1 型小容量直流电动机晶闸管调速系统由给定电压环节、运算放大器电压
负反馈环节、电流截止正反馈环节组成。

(　　)20.放大电路的静态值分析可用图解法,该方法比较直观。

(　　)21.普通晶闸管可以用于可控整流电路,双向晶闸管一般用于交流调压电路。

(　　)22.复合逻辑门电路由基本逻辑门电路组成,如与非门、或非门等。

(　　)23.共基极放大电路的输入回路与输出回路是以发射极作为公共连接端。

(　　)24.普通晶闸管的额定电流是以工频正弦电流的有效值来表示的。

(　　)25.三端集成稳压电路有三个接线端,分别为输入端、输出端和公共端。

(　　)26.三端集成稳压器件分为输出电压固定式和可调式两种。

(　　)27.晶闸管过流保护电路中用快速熔断器来防止瞬间的电流尖峰损坏器件。

(　　)28.无论国产还是国外的二极管型号都是一样的。

(　　)29.单相半波可控整流电路电感性负载,控制角 α 的移相范围是 $0 \sim 180°$。

(　　)30.单相半波可控整流电路中,控制角 α 越大,输出电压 U_d 越大。

(　　)31.金属化纸介电容器、电解电容器可用于低频耦合、旁路耦合的电子电路。

第三节　电工工具及测量

一、电工测量基础知识

（一）测量原理

1. 测量及误差

在测量中不可避免地会存在误差，因此，所测得的物理量的数值都是被测对象的真值与其误差的总和。系统误差是指测定中按一定规律出现的误差，一般可通过试验分析方法掌握其变化规律，并按照相应规律采取补偿或修正的方法加以消减。过失误差是指由于检测者的疏失，如测错、读错、记错或计算错误、测试条件突变等，造成的测试结果明显与实际结果不符的误差。误差表示方法有绝对误差和相对误差。绝对误差是指被测量值与实际值的差值；相对误差是指被测量的绝对误差与实际值之比，通常用百分数表示。

2. 仪表的准确度

仪表的准确度等级，即发生的最大绝对误差与仪表的额定值的百分比。电工指示仪表的准确等级通常分为 7 级，它们分别为 0.1 级、0.2 级、0.5 级、1.0 级、1.5 级、2.5 级、5.0 级。通常情况下，0.1 级和 0.2 级仪表用作标准表；0.5 级、1.0 级和 1.5 级用于试验；2.5 级和 5.0 级在工程中使用。

3. 仪表的结构和特点

电工指示仪表按测量机构的结构和工作原理分，有磁电系仪表和电磁系仪表等。按仪表的测量对象分，主要有功率表和相位表、电能表和欧姆表等。磁电系仪表用途非常广泛，如指针式万用表、电子仪器上的指示仪表等；电磁系仪表主要用于交流电的测量，如电力系统配电柜及电力电子设备上常用的安装式交流电流电压表。

（二）测量方式

1. 电流的测量

采用电流表，使用直流电流表时，应串联在被测电路中，要注意直流电流表的极性和量程。磁电系直流电流表只能测量直流电流，而电动系电流表和电磁系电流表可以交、直流两用。选择电流表时要求内阻小些好。电流表与被测电路串联，" + "端流入，" − "端流出。测电流时，所选择的量程应使电流表指针指在刻度标尺的后 1/3 段。测量大电流时，一般用电流互感器将一次侧的大电流转换成二次侧 5 A 的小电流，然后进行测量。

钳形电流表按结构原理不同，可分为互感器式和电磁式两种。钳形电流表不必切断电路就可以测量电路中的电流，每次测量只能钳入一根导线，并将导线置于钳口中央，以提高测量准确度。测量完毕，应将仪表的量程开关置于最大量程位置上，以免下次使用时不慎过流，并应保存在干燥的室内。

2. 电压的测量

采用电压表，磁电系直流电压表只能测量直流电压，而电动系电压表和电磁系电压表可以交、直流两用。选择电压表时要求其内阻大些好。电压表的内阻远大于被测负载的电阻。直流电压表与被测电路并联，" + "极与被测电路的高电位端相连，" − "极与被测电路的低电位端相连。交流电压表使用时不分"＋"极与"－"极，其指示值为交流电压的有效值。当无法确定被测电压的数值时，应选用最大量程测试，再转换成合适的量程。转换量程时，要先切断电源。

3.电阻的测量

可以在交、直流情况下进行。测量方法有：基于欧姆定律的伏安法测量；欧姆表法；电桥法测量；三表法等。

4.功率的测量

对于三相功率的测量，一般采用三相功率表直接测量的方法。按照功率表的工作原理，所测得的数据是被测电路中的有功功率。对于有互供设备的变配电所，应装设符合互供条件要求的电测仪表。例如，当功率有送、受关系时，就需要安装两组电能表和有双向标度尺的功率表。三相两元件功率表常用于高压线路功率的测量，采用电压互感器和电流互感器以扩大量程。

二、电工常用仪器仪表、工具量具

（一）电工常用仪器仪表

1.万用表

万用表是一种具有多用途、多量程的测量仪表，一般都具有测量电压、电流的功能，有的还可以测量其他电量（如电阻、电容等），有指针式万用表和数字式万用表两种。

使用及注意事项：万用表一般配有红、黑两种颜色的测试表笔，面板上也有"＋""－"（或"＊"等）极性的插孔，使用时，应将红色测试笔的连接线插入标有"＋"号的插孔内，黑色测试表笔的连接线插入标有"－"号的插孔内。测量交、直流电压时，万用表应并联在被测电压上；测量交、直流电流时，万用表应串联在被测支路中。测量直流电压、电流时，要注意万用表表笔的正、负极性，红色测试表笔接正极，黑色测试表笔接负极。

2.兆欧表

兆欧表的用途是测量电气设备的绝缘电阻。测量额定电压为500 V以下的线圈（直流电动机）的绝缘电阻时，应选用额定电压为500 V的兆欧表。测量时必须在停电状态下进行。对含有大电容的设备，测量前必须先进行放电，测量后也应及时放电，放电时间不得小于2 min，以保证人身安全。摇动手柄时，应由慢逐渐加速至额定转速120 r/min，若发现指针为零，说明短路，立即停止。

（二）电工常用工具、量具

1.旋具

维修电工常用的螺钉旋具是一种用以拧紧或旋松各种尺寸的槽形机用的螺钉，以及自攻螺钉的手工工具，俗称螺丝刀、改锥。用螺钉旋具拆卸或紧固带电螺栓时，手不得触及螺钉旋具的金属杆，以免发生触电事故。

2.扳手

扳手是一种用于拧紧或旋松螺栓、螺母等螺纹紧固件的装卸用手工工具。扳手的种类很多，扳手的手臂越短，使用起来越费力；扳手的手柄越长，使用起来越省力。

3.钳类

这是一种用于夹持、固定加工工件或扭转、弯曲、剪断金属丝线的手工工具。按其主要功能和使用性质分类，钳可分夹持式、剪切式和夹持剪切式三种。钢丝钳的功能较多，钳口用来弯铰或钳夹导线线头，齿口可代替扳手用来旋紧或起松螺母，刀口用来剪切导线、剖切导线绝缘层或拔铁钉，铡口用来铡切电线线芯和钢丝、铝丝等。此外常用的还有尖嘴钳、断线钳、剥线钳、电烙铁等。

4. 游标读数类量具

游标卡尺是一种中等精度的量具，它可以直接测量出工件的内外尺寸和深度尺寸。用游标卡尺测量尺寸前应清理干净（擦净量爪两测量面），并将两量爪合并（两测量面接触贴合，应密不透光），检查游标卡尺的精度情况。

塞尺：由一组具有不同厚度级差的薄钢片组成，用于测量间隙尺寸。

千分尺：是一种精度较高的量具，使用时要注意不能用千分尺测量粗糙的表面，使用后应擦净测量面并加润滑油防锈，放入盒中。

三、仪器仪表的使用

（一）直流单臂电桥

1. 结构

直流单臂电桥又称惠斯顿电桥，是一种专门用来测量中值（测量阻值为 $1\ \Omega \sim 1\ M\Omega$）电阻的精密测量仪器，测量简便且准确度高。直流单臂电桥电路原理和实物分别如图 3-14 所示，电阻 R_x、R、R_1 和 R_2 连成一个四边形，每边称为电桥的一个桥臂。以四边形对角顶点 A、B 作为输入端，与电源 GB 相连；另两顶点 C、D 作为输出端，与检流计相连。检流计用来比较两输出端的电位，检验有无电流输出。

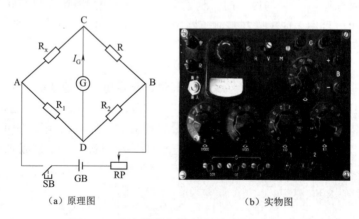

（a）原理图　　　　　　　　　（b）实物图

图 3-14　直流单臂电桥电路原理图与实物图

2. 工作原理

R_x 为待测电阻，其余三个是已知标准电阻且可调其电阻。测量电阻时，调节 R 或 R_1 和 R_2 的比值，使通过检流计的电流 I_G 为 0（指针不偏转），这种状态称为电桥的平衡。此时通过 R_1 和 R_2 的电流相同，通过 R 和 R_x 的电流也相同。通过公式推导出结论，待测电阻公式为

$$R_x = \frac{R_1}{R_2} \cdot R \tag{3-3}$$

式中，R_1 和 R_2 称为比例臂，R_1/R_2 为比例臂的倍率，R 为比较臂。

3. 使用注意事项

先将检流计的锁扣打开,调节调零器把指针调到零位。把被测电阻接在 R_x 的位置上,要求用较粗较短的连接导线并将漆膜刮净,接头拧紧。测量时,要先按下电源按钮 SB,再按下检流计按钮 G,当通过检流计的电流 I_G 为 0(指针不偏转)时,称这种状态为电桥的平衡。若指针指"+",则需增加比较臂电阻,指针指向"-",说明通过检流计电流小,则需减小比较臂电阻。测量完毕,先断开检流计按钮 G,再断开电源按钮 SB,然后拆除被测电阻,再将检流计锁扣锁上,以防搬动过程中损坏检流计。

(二)直流双臂电桥

1. 结构

双臂电桥又称凯尔文电桥,是专门用来测量 1 Ω 以下的低值电阻的精密仪器,是在单臂电桥的基础上增加的特殊结构,以消除测试时连接线和接线柱接触电阻对测量结果的影响。特别是在测量低电阻时,由于被测电阻值很小,试验时的连接线和接线柱接触电阻会对测试结果产生很大的影响造成很大误差。直流双臂电桥电路原理与实物如图 3-15 所示,电路中 R_x 为待测电阻,R_s 为比较用的标准电阻,R_1、R_2、R_3、R_4 组成电桥双臂电阻且阻值较大。

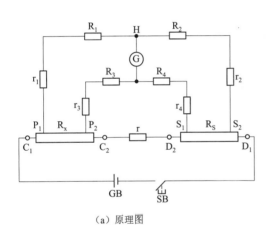 

（a）原理图 （b）实物图

图 3-15 直流双臂电桥电路原理图与实物图

2. 工作原理

直流双臂电桥的原理与直流单臂电桥类似,其不同之处是被测电阻 R_x 与 R_3 串联后组成电桥的一个桥臂、标准电阻 R_S 与 R_4 串联后组成电桥的另一个桥臂,它相当于直流单臂电桥的比较臂。由于流经 C_1、C_2 的电流较大,C_1、C_2 端常被称为"电流端",而流经 P_1、P_2 的电流较小,P_1、P_2 端常被称"电压端"或"电位端"。R_1、R_2 组成电桥的比例臂。$R_1 \sim R_4$ 均可调节,即始终保持 $R_1 = R_3$、$R_2 = R_4$。通过推导可得出结论,待测电阻公式为

$$R_x = \frac{R_1}{R_2} \cdot R_S \tag{3-4}$$

3. 使用注意事项

使用时需注意以下几点:在测电感电路的直流电阻时,应先按下 SB 按钮,再按下 G 按钮,断开时,应先断开 G 按钮,后断开 SB 按钮。要使被测电阻的电位端钮位于电流端钮的内侧(亦即电流端在电位端的外侧),并注意接线尽量短、粗且接触要紧密。直流双臂电桥的工作

电流较大,要选择适当容量的直流电源,最好采用蓄电池,电压为 2~4 V。测量时要迅速,以免耗电量过多。

(三)信号发生器

信号发生器是一种能提供各种频率、波形和输出电平电信号,常用作测试的信号源或激励源的设备,用来产生频率为 20 Hz~200 kHz 的正弦信号(低频),其幅值衰减 20 dB 表示其输出信号衰减 10 倍。除具有电压输出外,有的还有功率输出,能在一定范围内进行精确调整,有很好的稳定性,有输出指示。根据输出波形的不同,可分为正弦波信号发生器、矩形脉冲信号发生器、函数信号发生器和随机信号发生器等四大类。正弦信号是使用最广泛的测试信号之一。

通常信号发生器按频率分类有低频信号发生器、高频信号发生器、超高频信号发生器。低频信号发生器是用来产生标准低频正弦信号的信号源。

本仪器采用六个按键,有设置和触发两种状态。开机后需要预热 10 min,以使仪器产生较稳定的频率,这时再将输出信号引出。与其他电子仪器同时使用时,应注意共地,同时注意输出信号端不能对地短路,否则会损坏信号发生器。经衰减器输出时,注意其不能带负载,只能提供电压信号。

(四)双踪示波器

用示波器测量脉冲信号时,在测量脉冲上升时间和下降时间时,根据定义应从脉冲幅度的 10% 和 90% 处作为起始和终止的基准点。

理论试题精选 5

一、选择题(下列题中括号内,只有 1 个答案是正确的,将正确的代号填入其中)

1. 根据仪表测量对象的名称分为(   )等。

A. 电压表、电流表、功率表、电度表 　　　　B. 电压表、欧姆表、示波器

C. 电流表、电压表、信号发生器 　　　　　　D. 功率表、电流表、示波器

2. 根据被测电流的种类分为(   )。

A. 直流 　　　　B. 交流 　　　　C. 交直流 　　　　D. 以上都是

3. 测量直流电流时应注意电流表的(   );测量直流电压时应注意电压表的(   )。

A. 量程 　　　　B. 极性 　　　　C. 量程及极性 　　　　D. 误差

4. 测量电压时应将电压表(   )电路;测量电流时应将电流表(   )电路。

A. 串联接入 　　　　　　　　　　　　B. 并联接入

C. 并联接入或串联接入 　　　　　　　D. 混联接入

5. 测量直流电流应选用(   )电流表;测量直流电压时应选用(   )电压表;测量交流电压时选用(   )电压表;测量交流电流时应选用(   )电压表。

A. 磁电系 　　　　B. 电磁系或电动系 　　C. 电动系 　　　　D. 整流系

6. 按照功率表的工作原理,所测得的数据是被测电路中的(   )。

A. 有功功率 　　　　B. 无功功率 　　　　C. 视在功率 　　　　D. 瞬时功率

7. 电工仪表按工作原理分为(   )等。

A. 磁电系 　　　　B. 电磁系 　　　　C. 电动系 　　　　D. 以上都是

8. 手持式数字万用表的电源电压为(　　)V。

A. 6　　　　　　　　B. 5　　　　　　　　C. 4　　　　　　　　D. 9

9. 数字万用表按量程转换方式可分为(　　)类。

A. 5　　　　　　　　B. 4　　　　　　　　C. 3　　　　　　　　D. 2

10. 用万用表测量电阻值时,应使指针指示在(　　)。

A. 欧姆刻度最右　　　　　　　　　　B. 欧姆刻度最左

C. 欧姆刻度中心附近　　　　　　　　D. 欧姆刻度三分之一处

11. 当测量电阻值超过量程时,手持式数字万用表将显示(　　)。

A. 1　　　　　　　　B. ∞　　　　　　　　C. 0　　　　　　　　D. ×

12. 使用万用表时把电池装入电池夹内,两根测试表棒分别插入插座中,(　　)。

A. 红的插入"＋"插孔,黑的插入"＊"插孔内

B. 黑的插入"＋"插孔,红的插入"＊"插孔内

C. 红的插入"＋"插孔,黑的插入"－"插孔内

D. 红的插入"－"插孔,黑的插入"＋"插孔内

13. 用万用表测电阻时,每个电阻挡都要调零,如调零不能调到欧姆零位说明(　　)。

A. 电源电压不足,应换电池　　　　　B. 电磁极性接反

C. 万用表欧姆挡已坏　　　　　　　　D. 万用表调零功能已坏

14. 用万用表检测某二极管时,发现其正反电阻均约等于 1 kΩ,说明该二极管(　　)。

A. 已经击穿　　　B. 完好状态　　　C. 内部老化不通　　　D. 无法判断

15. 用万用表的直流电流挡测直流电流时,将万用表串接在被测电路中并且(　　)。

A. 红表棒接电路的高电位端,黑表棒接电路的低电位端

B. 黑表棒接电路的高电位端,红表棒接电路的低电位端

C. 红表棒接电路的正电位端,黑表棒接电路的负电位端

D. 红表棒接电路的负电位端,黑表棒接电路的正电位端

16. 手持式数字万用表的 A/D 转换电路通常采用(　　)电路。

A. 积分型　　　　B. 逐次逼近型　　　C. 比较并联型　　　D. 比较串联型

17. 直流单臂电桥使用(　　)V直流电源。

A. 6　　　　　　　　B. 5　　　　　　　　C. 4.5　　　　　　　　D. 3

18. 直流单臂电桥准确度等级分为(　　)级。

A. 6　　　　　　　　B. 5　　　　　　　　C. 7　　　　　　　　D. 3

19. 直流单臂电桥测量十几欧姆电阻时,比率应选为(　　);直流单臂电桥测量几欧姆电阻时,比率应选为(　　)。

A. 0.001　　　　　　B. 0.01　　　　　　C. 0.1　　　　　　D. 1

20. 直流单臂电桥和直流双臂电桥的测量的端数目分别为(　　)。

A. 2、4　　　　　　B. 4、2　　　　　　C. 2、3　　　　　　D. 3、2

21. 直流单臂电桥接入被测量电阻时,连接导线应(　　)。

A. 细、长　　　　　B. 细、短　　　　　C. 粗、短　　　　　D. 粗、长

22. 直流单臂电桥用于测量中值电阻,直流双臂电桥的测量电阻在(　　)Ω以下。

A. 10　　　　　　　　B. 1　　　　　　　　C. 20　　　　　　　　D. 30

23. 单臂电桥测量时,读数值应该在(　　)以后,指针平稳指零时的读数值。

　　A. 先按下 B,后按下 G　　　　　　　　B. 同时按下 B 和 G

　　C. 先按下 G,后按下 B　　　　　　　　D. 任意按下

24. 单臂电桥测量时,当检流计指零时,用比例臂电阻值(　　)比例臂的倍率,就是被测电阻的阻值。

　　A. 加　　　　　　B. 减　　　　　　C. 乘以　　　　　　D. 除以

25. 用单臂直流电桥测量电感线圈的直流电阻时,应(　　)。

　　A. 先按下电源按钮,再按下检流计按钮　　B. 先按下检流计按钮,再按下电源按钮

　　C. 同时按下电源按钮和检流计按钮　　　　D. 无须考虑先后顺序

26. 直流单臂电桥测量小值电阻时,不能排除(　　),而直流双臂电桥则可以。

　　A. 接线电阻及接触电阻　　　　　　　　B. 接线电阻及桥臂电阻

　　C. 桥臂电阻及接触电阻　　　　　　　　D. 桥臂电阻及导线电阻

27. 直流双臂电桥为了减少接线及接触电阻的影响,在接线时要求(　　)。

　　A. 电流端在电位端外侧　　　　　　　　B. 电流端在电位端内侧

　　C. 电流端在电阻端外侧　　　　　　　　D. 电流端在电阻端内侧

28. 调节电桥平衡时,若检流计指针向标有"−"的方向偏转时,说明(　　);调节电桥平衡时,若检流计指针向标有"+"的方向偏转时,说明(　　)。

　　A. 通过检流计电流大　应增大比较臂的电阻

　　B. 通过检流计电流小　应增大比较臂的电阻

　　C. 通过检流计电流小　应减小比较臂的电阻

　　D. 通过检流计电流大　应减小比较臂的电阻

29. 直流双臂电桥达到平衡时,被测电阻值为(　　)。

　　A. 倍率读数与可调电阻相乘　　　　　　B. 倍率读数与桥臂电阻相乘

　　C. 桥臂电阻与固定电阻相乘　　　　　　D. 桥臂电阻与可调电阻相乘

30. 直流双臂电桥工作时,要求(　　)。

　　A. 粗的导线、测量要迅速　　　　　　　B. 粗的导线、测量要缓慢

　　C. 短的导线、测量要迅速　　　　　　　D. 细的导线、测量要迅速

31. 直流双臂电桥的连接端分为(　　)接头。

　　A. 电压、电阻　　　　B. 电压、电流　　　　C. 电位、电流　　　　D. 电位

32. 使用直流双臂电桥测量电阻时,动作要迅速,以免(　　)。

　　A. 烧坏电源　　　　B. 烧坏桥臂电阻　　　　C. 烧坏检流计　　　　D. 电池耗电量过大

33. 直流双臂电桥的测量具有(　　)的特点。

　　A. 电流小、电源容量大　　　　　　　　B. 电流小、电源容量小

　　C. 电流大、电源容量小　　　　　　　　D. 电流大、电源容量大

34. 2.0 级准确度的直流单臂电桥表示测量电阻的误差不超过(　　)。

　　A. ±0.2%　　　　B. ±2%　　　　C. ±20%　　　　D. ±0.02%

35. 直流双臂电桥的测量误差为(　　)。

　　A. ±2%　　　　B. ±4%　　　　C. ±5%　　　　D. ±1%

36. 直流双臂电桥的桥臂电阻应大于( )Ω。

A. 10 　　　　　　 B. 20 　　　　　　 C. 30 　　　　　　 D. 50

37. 低频信号发生器的输出有( )输出。

A. 电压、电流 　　 B. 电压、功率 　　 C. 电流、功率 　　 D. 电压、电阻

38. 信号发生器输出 CMOS 电平为( )V。

A. 3～15 　　　　　 B. 3 　　　　　　　 C. 5 　　　　　　　 D. 20

39. 低频信号发生器的频率范围为( )。

A. 20 Hz～200 kHz 　　　　　　　　　　 B. 100 Hz～1 000 kHz

C. 200 Hz～2 000 kHz 　　　　　　　　　 D. 10 Hz～2 000 kHz

40. 信号发生器的幅值衰减 20 dB,其表示输出信号衰减( )倍。

A. 20 　　　　　　 B. 1 　　　　　　　 C. 10 　　　　　　 D. 100

41. 信号发生器的波形对称调节器是( )。

A. 调节信号周期 　 B. 调节信号频率 　 C. 调节信号占空比 　 D. 调节信号幅值

42. 通常信号发生器能输出的信号波形有( )。

A. 正弦波 　　　　 B. 三角波 　　　　 C. 矩形 　　　　　 D. 以上都是

43. 通常信号发生器按信号波形分类有( )。

A. 正弦波信号发生器 　　　　　　　　　 B. 脉冲波信号发生器

C. 方波信号发生 　　　　　　　　　　　 D. 以上都是

44. ( )适合现场工作且要用电池供电的示波器。

A. 台式示波器 　　 B. 手持示波器 　　 C. 模拟示波器 　　 D. 数字示波器

45. 高品质、高性能的示波器一般适合( )使用。

A. 实验 　　　　　 B. 演示 　　　　　 C. 研发 　　　　　 D. 一般测试

46. 示波器的( )产生锯齿波信号并控制其周期,以保证扫描信号与被测信号同步。

A. 偏转系统、扫描 　　　　　　　　　　 B. 偏转系统、整步系统

C. 扫描、整步系统 　　　　　　　　　　 D. 扫描、示波管

47. 示波器的 X 轴通道对被测信号进行处理,然后加到示波器的( )偏转板上;示波器的 Y 轴通道对被测信号进行处理,然后加到示波器的( )偏转板上。

A. 水平 　　　　　 B. 垂直 　　　　　 C. 偏上 　　　　　 D. 偏下

48. 数字存储示波器的带宽最好是测试信号带宽的( )倍。

A. 3 　　　　　　　 B. 4 　　　　　　　 C. 6 　　　　　　　 D. 5

49. 模拟示波器的选用应考虑其( )。

A. 性价比、通道数、测试带宽 　　　　　 B. 屏幕大小、通道数

C. 测试快慢、性价比 　　　　　　　　　 D. 通道数、性价比

50. 示波器中的( )经过偏转板时产生偏移。

A. 电荷 　　　　　 B. 高速电子束 　　 C. 电压 　　　　　 D. 电流

51. 表示数字万用表抗干扰能力的共模抑制比可达( )dB。

A. 80～120 　　　　 B. 80 　　　　　　 C. 120 　　　　　　 D. 40～60

52. 在测量额定电压 500 V 以下的设备或线路的绝缘电阻时,选用电压等级为( )V。

A. 380 　　　　　　 B. 400 　　　　　　 C. 500 或 1 000 　　 D. 220

53. 使用钢丝钳(电工钳子)固定导线时应将导线放在钳口的(　　)。

A. 前部　　　　　　B. 后部　　　　　　C. 中部　　　　　　D. 上部

54. 套在钢丝钳(电工钳子)把手上的橡胶或塑料皮的作用是(　　)。

A. 保温　　　　　　B. 防潮　　　　　　C. 绝缘　　　　　　D. 降温

55. 钢丝钳(电工钳子)可以用来剪切(　　)。

A. 细导线　　　　　B. 水管　　　　　　C. 铜条　　　　　　D. 玻璃管

56. 钢丝钳(电工钳子)一般用在(　　)操作的场合。

A. 低温　　　　　　B. 高温　　　　　　C. 带电　　　　　　D. 不带电

57. 千分尺一般用于测量(　　)的尺寸。

A. 小器件　　　　　B. 大器件　　　　　C. 建筑物　　　　　D. 电动机

58. 千分尺测微杆的螺距为(　　)mm,它装入固定套筒的螺孔中。

A. 0.6　　　　　　B. 0.8　　　　　　C. 0.5　　　　　　D. 1

59. 用兆欧表时,下列做法不正确的是(　　)。

A. 测量电气设备绝缘电阻时,可以带电测量电阻

B. 测量时,兆欧表应放在水平位置上,未接线前先转动兆欧表做开路实验,看指针是否在"∞"处,再把 L 和 E 短接,轻摇发电机,看指针是否为"0",若开路指"∞",短路指"0",说明兆欧表是好的

C. 兆欧表测完后应立即使被测物放电

D. 测量时,摇动手柄的速度由慢逐渐加快,并保持 120 r/min 左右的转速 1 min 左右,这时读数较为准确

60. 兆欧表的接线端标有(　　)。

A. 接地 E、线路 L、屏蔽 G　　　　　B. 接地 N、导通端 L、绝缘端 G

C. 接地 E、导通端 L、绝缘端 G　　　D. 接地 N、通电端 G、绝缘端 L

61. 使用螺丝刀拧螺钉时要(　　)。

A. 先用力旋转,再插入螺钉槽口　　　B. 始终用力旋转

C. 先确认插入螺钉槽口,再用力旋转　D. 不停地插拔和旋转

62. 拧螺钉时应先确认螺丝刀插入槽口,旋转时用力(　　)。

A. 越小越好　　　B. 不能过猛　　　C. 越大越好　　　D. 不断加大

63. 拧螺钉时应该选用(　　)。

A. 规格一致的螺丝刀　　　　　　　　B. 规格大一号的螺丝刀,省力气

C. 规格小一号的螺丝刀,效率高　　　D. 全金属的螺丝刀,防触电

64. 用螺丝刀拧紧可能带电的螺钉时,手指应该(　　)螺丝刀的金属部分。

A. 接触　　　　　　B. 压住　　　　　　C. 抓住　　　　　　D. 不接触

65. 使用扳手拧螺母时应该将螺母放在扳手口的(　　)。

A. 前部　　　　　　B. 后部　　　　　　C. 左边　　　　　　D. 右边

66. 活动扳手可以拧(　　)规格的螺母。

A. 一种　　　　　　B. 两种　　　　　　C. 几种　　　　　　D. 各种

67. 测量前需要将千分尺(　　)擦拭干净后检查零位是否正确。

A. 固定套筒　　　　B. 测量面　　　　　C. 微分筒　　　　　D. 测微螺杆

68. 选用量具时,不能用千分尺测量(　　　)的表面。

A. 精度一般　　　　　B. 精度较高　　　　　C. 精度较低　　　　　D. 粗糙

69. 游标卡尺(　　　)应清理干净,并将两量爪合并,检查游标卡尺精度情况。

A. 测量后　　　　　B. 测量时　　　　　C. 测量中　　　　　D. 测量前

70. 扳手的手柄越长,使用起来越(　　　)。

A. 省力　　　　　B. 费力　　　　　C. 方便　　　　　D. 便宜

二、判断题(将判断结果填在括号中,正确的填√,错误的填✕)

(　　　)1. 一般万用表可以测量直流电压、交流电压、直流电流、电阻、功率等物理量。

(　　　)2. 测量电压时,电压表的内阻越小,测量精度越高。

(　　　)3. 被测量的测试结果与被测量的实际数值存在的差值称为测量误差。

(　　　)4. 数字万用表在测量电阻之前要调零。

(　　　)5. 直流单臂电桥又称为惠斯顿电桥,能准确测量大值电阻。

(　　　)6. 直流单臂电桥用于测量小值电阻;直流双臂电桥用于测量大值电阻。

(　　　)7. 直流双臂电桥用于测量电机绕组、变压器绕组等小值电阻。

(　　　)8. 直流单臂电桥的主要技术特性是准确度和测量范围。

(　　　)9. 电流表的内阻远大于电路的负载电阻。

(　　　)10. 万用表主要有指示部分、测量电路、转换装置三部分组成。

(　　　)11. 测量电流时,要根据电流大小选择适当量程的电流表,不能使电流大于电流表的最大量程。

(　　　)12. 示波器大致可分为模拟、数字、组合三类。

(　　　)13. 电子仪器按功能可分为超低频、音频、超音频高频、超高频电子仪器。

(　　　)14. 千分尺是一种精度较高的精确量具。选用量具时,不能用千分尺测量粗糙的表面。

(　　　)15. 扳手的主要功能是拧螺栓和螺母,同时扳手可以用来剪切细导线。

(　　　)16. 螺丝刀是维修电工最常用的工具之一,使用螺丝刀时要一边压紧,一边旋转。

(　　　)17. 兆欧表俗称摇表,是用于测量各种电气设备绝缘电阻的仪表。

(　　　)18. 在不能估计被测电路电流大小时,最好先选择量程足够大的电流表,粗测一下,然后根据测量结果,正确选用量程适当的电流表。

(　　　)19. 功率表应串接在正弦交流电路中,用来测量电路的视在功率。

(　　　)20. 电能表的电压线圈并联在电路中,电流线圈串联在电路中。

电机(俗称"马达")是利用电磁感应原理工作的机械。电机常用的分类是按功能分,有发电机、电动机、变压器(静止电机)和控制电机四大类。任何一台电机既可做发电机运行,也可做电动机运行,这一性质称为电机的可逆原理。

如果电机转子输入机械能,而电枢绕组输出电能,电机作为发电机运行,在电路中用字母"G"表示;如果在电枢绕组中输入电能,转子输出机械能,则电机作为电动机运行。电动机是利用电磁感应原理运行的旋转电磁机械,在电路中用字母"M"表示。按工作电源种类可分为直流电动机和交流电动机。

学习目标

1. 掌握常用电机的分类、三相异步电动机的结构及工作原理。
2. 熟悉软启动器工作原理、使用方法、充电桩工作原理及使用方法。
3. 了解变频器的结构和原理。

第一节　常用电机的识别与分类

一、三相交流异步电动机

(一)三相异步电动机概述

目前用的较多的是三相异步电动机。电动机一般在 70% ~ 95% 额定负载下运行时效率最高、功率因数大。三相异步电动机以其优良的性能、结实耐用、简单的结构形式和免维护等优点,在各行各业得到广泛地应用。按转子结构形式不同可分为鼠笼型和绕线型两种。

1. 结构

三相异步电动机的种类很多,但各类三相异步电动机的基本结构是相同的,它们都由定子和转子这两大基本部分组成,在定子和转子之间具有一定的气隙。此外,还有端盖、轴承等其他附件,其结构简单、制造方便、成本低。

(1)定子

定子主要由定子铁芯和定子绕组组成。定子铁芯是电动机磁路的一部分,由 0.35 ~ 0.5 mm 厚表面涂有绝缘漆的薄硅钢片叠压而成,用来嵌放定子绕组。定子绕组是电动机的电路部分,是用来产生旋转磁场的,由三相对称绕组组成,有六个出线端都引至接线盒上,首端分别为U1、V1、W1,末端分别为U2、V2、W2。这六个出线端在接线盒里的排列如图4-1所示,可以接成星形或三角形。

（2）转子

转子主要由转子铁芯和转子绕组组成。转子铁芯是用0.5 mm厚硅钢片叠压而成,作用和定子铁芯相同。转子绕组分为绕线型与笼型两种,由此分为绕线型异步电动机与鼠笼型异步电动机。

2. 工作原理

定子绕组通入三相正弦交流电,产生旋转磁场,通过该磁场切割转子,使转子中产生感应电势

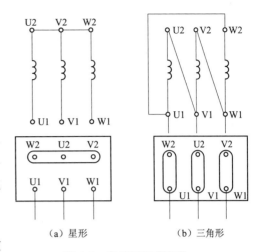

（a）星形　　　（b）三角形

图4-1　定子绕组的联结

和感应电流(所以三相异步电机也叫感应电机),进而受到旋转磁场的作用形成电磁转矩,最终转子转动起来,转子的转速 n 小于旋转磁场的转速 n_1（所以称作异步）。若 s 为转差率,在电动机工作状态时,$0 < s < 1$,$s = (n_1 - n)/n_1$。

（二）三相异步电动机四大基本问题

1. 启动

三相鼠笼式异步电动机的启动方法有全压启动(10 kW以下的小容量电动机带轻载时)和降压启动(大容量带轻载时)。全压启动时的启动电流为额定电流的4~7倍,对电网冲击较大,启动转矩也较大,对负载设备也有冲击。一般采用降压启动,降压启动方法有以下几种:定子绕组串电阻降压启动、丫-△降压启动、自耦变压器降压启动。降压启动的目的是为了减小启动电流,同时要保证足够大的启动转矩。

定子绕组串电阻的降压启动是指电动机启动时,把电阻串接在电动机定子绕组与电源之间,通过电阻的分压作用来降低定子绕组上的启动电压。待电动机启动后,再将电阻短接,使电动机在额定电压下正常进行。

丫-△降压启动指电动机启动时,把定子绕组联结成丫形,以降低启动电压,限制启动电流。待电动机启动后,再把定子绕组改成△形,使电动机全压运行(凡正常运行时,定子绕组作角联结的异步电动机可采用),启动电流变为原来的三分之一,启动转矩也为原来的三分之一,只适合于轻载或空载下启动。

自耦变压器降压启动适用于电机容量较大(或者说电源容量不足)且不允许频繁启动也不适合用丫-△降压启动的场合。

对于需要大、中容量电动机带动重载启动的生产机械或者需要频繁启动的电力拖动系统,不仅要限制启动电流,而且还要有足够大的启动转矩。这就需要用三相绕线转子异步电动机转子串电阻或串频敏变阻器来改善启动性能。转子串频敏变阻器启动与串电阻分级启动相比,控制线路更简单。

2. 正反转

只要调换电动机任意两相绕组所接电源的相序,旋转磁场就反向旋转,电动机也随之反转。按钮联锁正反转控制线路的优点是操作方便,缺点是容易产生电源两相短路事故。在实际中,经常采用按钮、接触器双重联锁正反转控制线路。

3. 调速

$n = 60f(1-s)/p$（p 为磁极对数），从式子可以得出改变异步电动机的转速有三种方法：

（1）变极调速（改变极对数）。只适用于笼型电动机，因为笼型转子绕组的极对数是感应产生的，随定子磁场极对数改变而自动改变，使两磁场极对数保持一致，从而形成有效的平均电磁转矩，也是一种有级调速且只能是有限的几挡速度，因而适用于对调速要求不高且不需要平滑调速的场合。

（2）变频调速（改变电源频率）：变频调速平滑性好、效率高、机械特性硬、调速范围宽广，只要控制端电压随频率变化的规律，就可以适应不同负载特性的要求，是异步电动机尤其笼型电动机调速的发展方向。由于需要用到变频器，所以价格比较贵。

（3）改变转差率调速：绕线式电动机采用此种方法，比较麻烦。

4. 制动

制动的目的是准确快速停车，其特点是产生一个与电动机转向相反的电磁转矩；其要求是限制制动电流，产生较大制动转矩。制动的方法有能耗制动、反接制动和回馈制动三种。

能耗制动：定子绕组中通入直流电，产生相反的旋转磁场，产生制动转矩，需要在转子回路中串入限流电阻，能耗制动的制动准确、平稳、能量消耗小、电机不从电网吸取交流电能，比较经济，但制动力较弱，还需要直流电源，故适用于要求制动准确、平稳的场合，如磨床、龙门刨床及组合机床的主轴定位。

反接制动：定子绕组中通入相序相反的三相交流电，产生相反的旋转磁场，产生制动转矩，需要在定子回路中串入限流电阻。反接制动的制动力强、制动迅速、制动效果显著；缺点是制动准确性差，制动过程中冲击力强烈、易损坏传动零件、制动能量消耗较大。因此，反接制动一般用于制动要求迅速、系统惯性较大、不经常启动与制动的场合，故用于不太经常启动的设备，如铣床、镗床、中型车床主轴的制动。

回馈制动：当电机的转子速度超过电机同步磁场的旋转速度时，转子绕组所产生的电磁转矩的旋转方向和转子的旋转方向相反，此时，电机处于制动状态。之所以把此时的状态叫回馈制动，是因为此时电机处于发电状态，即电机的动能转化成了电能。此时，可以采取一定的措施把产生的电能回馈给电网，达到节能的目的。因此，回馈制动也叫再生发电制动。

（三）三相绕线式异步电动机

在实际生产中对要求启动转矩较大且能平滑调速的场合，常常采用三相绕线转子异步电动机，其优点是可以通过集电环在转子绕组中串接电阻来改善电动机的机械特性，从而达到减小启动电流、增大启动转矩及平滑调速之目的。启动时，在转子回路中接入作星形联结、分级切换的三相启动变阻器，并把可变电阻放到最大位置，以减小启动电流，获得较大启动转矩。随着电动机转速的升高，可变电阻逐渐减小。启动完毕，可变电阻减小到零，转子绕组被直接短接，电动机便在额定状态下运行。

启动方式分为转子绕组串接电阻启动控制和转子串频敏变阻器启动。

二、直流电动机

（一）直流电动机概述

1. 结构与分类

直流电动机运行性能与励磁方式（励磁绕组得电的方式）密切相关，直流电动机按励磁方式分可分为:他励、并励、串励和复励。他励电动机:励磁绕组单独供电。并励电动机:励磁绕组与转子电枢绕组并联。串励电动机:励磁绕组与转子电枢绕组串联。复励电动机:励磁绕组与转子电枢绕组的联结有串有并,接在同一电源上。

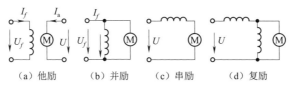

图 4-2 直流电动机的分类

直流电动机主要由定子、转子和气隙组成。定子的主要作用是产生磁场和作为转子部分的支撑,由机座、主磁极、换向极及电刷装置组成。转子(电枢)是产生电磁转矩、实现能量转换的部件,由电枢铁芯、电枢绕组及换向器等部件组成。

2. 特点

直流电动机调速性能好、调速范围广,易于平滑调节,启动、制动转矩大,易于快速启动、停车,但结构复杂、成本高,制造运行维护较困难。

(二)直流电动机常见故障

1. 不能启动

直流电动机不能启动的原因有:接线错误、电刷接触不良、电源电压过低、电动机过载、励磁回路断开等。

2. 转速不正常

转速不正常的原因有:励磁绕组接触不良或有短路、励磁回路电阻过大、电刷架位置不对、电源电压过高等。

3. 轴承发热

轴承发热的原因有:传动带过紧、轴承磨损过大、轴承与轴承室配合过松等。

4. 电刷下火花过大原因

当由于电刷牌号不相符,应更换原牌号的电刷或刷握;当由于片间云母凸出,需刻下片间云母,并对换向器进行槽边倒角、研磨;当由于换向器偏摆时,可用千分尺测量,偏摆过大时应重新精车。

5. 漏电

引出线碰壳、电动机受潮或绝缘老化、灰尘堆积等。

6. 温升过高

若发现定子与转子相互摩擦,此时应检查磁极固定螺栓是否松脱;若发现部分线圈接反,应检查后纠正接线;若发现通风冷却不良时,可检查风扇扇叶是否良好;若发现换向器或电枢绕组有短路,应查明原因,进行清扫或修理。

三、变压器

1. 结构原理

变压器是将一种交流电转换成同频率的另一种交流电的静止设备。它的作用是改变交流电的电压、电流、相位和阻抗,但不能改变频率和直流量。

基本原理是电磁感应原理。一、二次侧电压与匝数成正比、一、二次侧电流与匝数成反比。将变压器的一次侧绕组接交流电源，二次侧绕组开路，这种运行方式称为变压器空载运行。二次侧绕组与负载联结，这种运行方式称为负载运行。

变压器主要由铁芯和绕组两部分组成。铁芯可分为芯式和壳式；绕组有同芯式和交叠式两种形式。

2. 特殊变压器

电力变压器是工业企业不可缺少的供电设备，新型节能变压器的工作负载为满载的 40% ~ 50% 时效率最高。

电压互感器实际上是一台降压变压器，用于测量高电压，要求二次侧绕组绝对不允许短路，应串入熔断器作短路保护。电流互感器实际上是一台升压变压器，用于测量大电流，要求二次侧绕组绝对不允许开路。电压互感器、电流互感器的铁芯及二次侧绕组一端都必须可靠接地。

理论试题精选 6

一、选择题（下列题中括号内，只有 1 个答案是正确的，将正确的代号填入其中）

1. 三相异步电动机的定子由机座、定子铁芯、定子绕组、（　　）、接线盒等组成。

　A. 电刷　　　　　　　B. 换向器　　　　　　C. 端盖　　　　　　　D. 转子

2. 三相异步电动机的转子由转子铁芯、（　　）、风扇、转轴等组成。

　A. 电刷　　　　　　　B. 转子绕组　　　　　C. 端盖　　　　　　　D. 机座

3. 三相异步电动机具有结构简单、工作可靠、重量小、（　　）等优点。

　A. 调速性能好　　　　B. 价格低　　　　　　C. 功率因数高　　　　D. 交直流两用

4. 三相异步电动机的缺点是（　　）。

　A. 结构简单　　　　　B. 重量小　　　　　　C. 调速性能差　　　　D. 转速低

5. 三相异步电动机工作时，转子绕组中流过的是（　　）。

　A. 交流电　　　　　　B. 直流电　　　　　　C. 无线电　　　　　　D. 脉冲电

6. 三相异步电动机的定子绕组中通入三相对称交流电，产生（　　）。

　A. 恒定磁场　　　　　B. 脉振磁场　　　　　C. 旋转磁场　　　　　D. 交变磁场

7. 三相异步电动机采用（　　）时，能量消耗小，制动平稳。

　A. 发电制动　　　　　B. 回馈制动　　　　　C. 能耗制动　　　　　D. 反接制动

8. 三相异步电动机的各种电气制动方法中，能量损耗最多的是（　　）；最节能的是（　　）。

　A. 反接制动　　　　　B. 能耗制动　　　　　C. 回馈制动　　　　　D. 再生制动

9. 三相异步电动机反接制动时，定子绕组中通入（　　）。

　A. 脉冲直流电　　　　　　　　　　　　　　B. 单相交流电

　C. 恒定直流电　　　　　　　　　　　　　　D. 相序相反的三相交流电

10. 三相异步电动机能耗制动时，定子绕组中通入（　　）。

　A. 直流电　　　　　　B. 单相交流电　　　　C. 三相交流电　　　　D. 逆序交流电

11.三相异步电动机能耗制动时,机械能转换为电能消耗在(　　)回路的电阻上。

A.励磁　　　　　　　B.控制　　　　　　　C.定子　　　　　　　D.转子

12.三相异步电动机能耗制动的控制线路至少需要(　　)个按钮;至少需要(　　)个接触器。

A.1　　　　　　　　　B.2　　　　　　　　　C.3　　　　　　　　　D.4

13.三相异步电动机能耗制动的过程可用(　　)来控制;三相异步电动机电源反接制动的过程可用(　　)来控制。

A.电流继电器　　　　B.电压继电器　　　　C.速度继电器　　　　D.热继电器

14.三相异步电动机反接制动时,速度接近零时要立即断开电源,否则电动机会(　　)。

A.飞车　　　　　　　B.反转　　　　　　　C.短路　　　　　　　D.烧坏

15.三相异步电动机再生制动时,将机械能转换为电能,回馈到(　　)。

A.负载　　　　　　　B.转子绕组　　　　　C.定子绕组　　　　　D.电网

16.三相笼型异步电动机电源反接制动时需要在(　　)中串入限流电阻。

A.直流回路　　　　　B.控制回路　　　　　C.定子回路　　　　　D.转子回路

17.三相异步电动机再生制动时,定子绕组中流过(　　)。

A.高压电　　　　　　B.直流电　　　　　　C.三相交流电　　　　D.单相交流电

18.三相异步电动机的启停控制线路需要有短路保护、过载保护和(　　)功能。

A.失磁保护　　　　　B.超速保护　　　　　C.零速保护　　　　　D.失压保护

19.三相发电机绕组接成三相四线制,测得三个相电压 $U_U = U_V = U_W = 220$ V,三个线电压 $U_{UV} = 380$ V,$U_{VW} = U_{WU} = 220$ V,这说明(　　)。

A.U相绕组接反了　　B.V相绕组接反了　　C.W相绕组接反了　　D.中性线断开了

20.一台电动机绕组是星形联结,接到线电压为380 V的三相电源上,测得线电流为10 A,则电动机每相绕组的阻抗值为(　　)Ω。

A.38　　　　　　　　B.22　　　　　　　　C.66　　　　　　　　D.11

21.有一台三相交流电动机,每相绕组的额定电压为220 V,对称三相电源的线电压为380 V,则电动机的三相绕组应采用的联结的方式是(　　)。

A.星形联结、有中线　　　　　　　　　　B.星形联结、无中线

C.三角形联结　　　　　　　　　　　　　D.A、B 均可

22.三相异步电动机再生制动时,转子的转向与旋转磁场相同,转速(　　)同步转速。

A.小于　　　　　　　B.大于　　　　　　　C.等于　　　　　　　D.小于或等于

23.三相异步电动机倒拉反接制动时需要(　　)。

A.转子串入较大的电阻　　　　　　　　　B.改变电源的相序

C.定子通入直流电　　　　　　　　　　　D.改变转子的相序

24.笼形异步电动机启动时冲击电流大,是因为启动时(　　)。

A.电动机转子绕组电动势大　　　　　　　B.电动机温度低

C.电动机定子绕组频率低　　　　　　　　D.电动机的启动转矩大

25.三相异步电动机工作时,其电磁转矩是由旋转磁场与(　　)共同作用产生的。

A.定子电流　　　　　B.转子电流　　　　　C.转子电压　　　　　D.电源电压

26. 异步电动机的启动电流与启动电压成正比，启动转矩与启动（　　）。

A. 电压的平方成正比　　　　　　　　B. 电压成反比

C. 电压成正比　　　　　　　　　　　D. 电压的平方成反比

27. 就交流电动机各种启动方式的主要技术指标来看，性能最佳的是（　　）。从启动性能上讲，最好的是（　　）。

A. 串电感启动　　　B. 串电阻启动　　　C. 软启动　　　　　D. 变频启动

28. 交流电动机最佳的启动效果是：（　　）。

A. 启动电流越小越　　　　　　　　　B. 启动电流越大越好

C.（可调）恒流启动　　　　　　　　　D.（可调）恒压启动

29. 定子绕组串电阻的降压启动是指电动机启动时，把电阻串接在电动机定子绕组与电源之间，通过电阻的分压作用来（　　）定子绕组上的启动电压。

A. 提高　　　　　　B. 减少　　　　　　C. 加强　　　　　　D. 降低

30. 适用于电机容量较大且不允许频繁启动的降压启动方法是（　　）。

A. Y—△　　　　　　B. 自耦变压器　　　C. 定子串电阻　　　D. 延边三角形

31. 绕线式异步电动机转子串频敏变阻器启动时，随着转速的升高，（　　）自动减小。

A. 频敏变阻器的等效电压　　　　　　B. 频敏变阻器的等效电流

C. 频敏变阻器的等效功率　　　　　　D. 频敏变阻器的等效阻抗

32. 绕线式异步电动机转子串电阻启动时，随着（　　），要逐渐减小电阻。

A. 电流的增大　　　B. 转差率的增大　　C. 转速的升高　　　D. 转速的降低

33. 绕线式异步电动机转子串三级电阻启动时，可用（　　）实现自动控制。

A. 速度继电器　　　B. 压力继电器　　　C. 时间继电器　　　D. 电压继电器

34. 绕线式异步电动机的转子电路中串入一个调速电阻属于（　　）调速。

A. 变极　　　　　　B. 变频　　　　　　C. 变转差率　　　　D. 变容

35. 绕线式异步电动机转子串频敏变阻器启动与串电阻分级启动相比，控制线路（　　）。

A. 比较简单　　　B. 比较复杂　　　C. 只能手动控制　　　D. 只能自动控制

36. 绕线式异步电动机转子串电阻启动时，启动电流减小，启动转矩增大的原因是（　　）。

A. 转子电路的有功电流变大　　　　　B. 转子电路的无功电流变大

C. 转子电路的转差率变大　　　　　　D. 转子电路的转差率变小

37. 绕线式异步电动机转子串电阻分级启动，而不是连续启动的原因是（　　）。

A. 启动时转子电流较小　　　　　　　B. 启动时转子电流较大

C. 启动时转子电压很高　　　　　　　D. 启动时转子电压很小

38. 变压器基本作用是在交流电路中变电压、（　　）、变阻抗、变相位和电气隔离。

A. 变磁通　　　　　B. 变电流　　　　　C. 变功率　　　　　D. 变频率

39. 变压器的铁芯可以分为（　　）和芯式两大类。

A. 同心式　　　　　B. 交叠式　　　　　C. 壳式　　　　　　D. 笼式

40. 变压器的器身主要由铁芯和（　　）两部分所组成。

A. 绕组　　　　　　B. 转子　　　　　　C. 定子　　　　　　D. 磁通

41. 变压器的一次侧绕组接交流电源,若二次侧绕组开路,这种运行方式称为变压器( )运行;若二次侧绕组与负载联结,这种运行方式称为( )运行。将变压器的一次侧绕组接交流电源,二次侧绕组的电流大于额定值,这种运行方式称为( )。

A. 空载　　　　　B. 过载　　　　　C. 满载　　　　　D. 负载

42. JBK 系列控制变压器适用于机械设备中一般电器的( )、局部照明及指示电源。

A. 电动机　　　B. 油泵　　　　C. 控制电源　　　D. 压缩机

43. BK 系列控制变压器通常用作机床控制电器局部( )及指示的电源之用。

A. 照明灯　　　B. 电动机　　　C. 油泵　　　　D. 压缩机

44. 直流电动机按照励磁方式可分他励、( )、串励和复励四类。

A. 电励　　　　B. 并励　　　　C. 激励　　　　D. 自励

45. 并励直流电动机的励磁绕组与( )并联。

A. 电枢绕组　　B. 换向绕组　　C. 补偿绕组　　D. 稳定绕组

46. 直流电动机的转子由电枢铁芯、( )、换向器、转轴等组成。

A. 接线盒　　　B. 换向极　　　C. 电枢绕组　　D. 端盖

47. 直流电动机的定子由机座、主磁极、换向极、( )、端盖等组成。

A. 转轴　　　　B. 电刷装置　　C. 电枢　　　　D. 换向器

48. 直流电动机结构复杂、价格贵、维护困难,但是启动性能好、( )。

A. 调速范围大　B. 调速范围小　C. 调速力矩大　D. 调速力矩小

49. 直流电动机的直接启动电流可达额定电流的( )倍。

A. 10 ~ 20　　　B. 20 ~ 40　　　C. 5 ~ 10　　　　D. 1 ~ 5

50. 直流电动机降低电枢电压调速时,属于( )调速方式。

A. 恒转矩　　　B. 恒功率　　　C. 通风机　　　D. 泵类

51. 直流串励电动机需要反转时,一般将( )两头反接;直流他励电动机需要反转时,一般将( )两头反接。

A. 励磁绕组　　B. 电枢绕组　　C. 补偿绕组　　D. 换向绕组

52. 直流电动机的励磁绕组和电枢绕组同时反接时,电动机的( );直流电动机只将励磁绕组两头反接时,电动机的( )。

A. 转速下降　　B. 转速上升　　C. 转向反转　　D. 转向不变

53. 直流电动机弱磁调速时,转速只能从额定转速( )。直流电动机降低电枢电压调速时,转速只能从额定转速( )。直流电动机电枢串电阻调速时,转速只能从额定转速( )。

A. 降低一倍　　B. 开始反转　　C. 往上升　　　D. 往下降

54. 直流电动机常用的启动方法有:电枢串电阻启动、( )等。

A. 弱磁启动　　B. 降压启动　　C. 丫—△启动　　D. 变频启动

55. 直流电动机的各种制动方法中,能向电源反送电能的方法是( );能平稳停车的方法是( );消耗电能最多的是( );最节能的方法是( )。

A. 反接制动　　B. 抱闸制动　　C. 能耗制动　　D. 回馈制动

56. 直流电动机启动时,随着转速的上升,要( )电枢回路的电阻。

A. 先增大后减小　B. 保持不变　　C. 逐渐增大　　D. 逐渐减小

57. 直流电动机滚动轴承发热的主要原因有( )等。

A. 电刷架位置不对　　　　　　　　　　B. 电动机受潮

C. 轴承变形　　　　　　　　　　　　　　D. 传动带过紧

58. 直流电动机滚动轴承发热的主要原因有( )等。

A. 轴承磨损过大　　　　　　　　　　　　B. 轴承变形

C. 电动机受潮　　　　　　　　　　　　　D. 电刷架位置不对

59. 直流电动机转速不正常的故障原因主要有( )等。

A. 换向器表面有油污　　　　　　　　　　B. 无励磁电流

C. 接线错误　　　　　　　　　　　　　　D. 电刷架位置不对

60. 直流电动机转速不正常的故障原因主要有( )等。

A. 换向器表面有油污　　　　　　　　　　B. 无励磁电流

C. 接线错误　　　　　　　　　　　　　　D. 励磁绕组接触不良

61. 下列故障原因中( )会造成直流电动机不能启动。

A. 电源电压过高　　　　　　　　　　　　B. 电源电压过低

C. 电刷架位置不对　　　　　　　　　　　D. 励磁回路电阻过大

62. 整流式电焊机是由( )构成。

A. 原动机和去磁式直流发电机　　　　　　B. 原动机和去磁式交流发电机

C. 四只二极管　　　　　　　　　　　　　D. 整流装置和调节装置

63. 整流式直流电焊机磁饱和电抗器的铁芯由( )字形铁芯组成。

A. 一个"口"　　　B. 三个"口"　　　C. 一个"日"　　　D. 三个"日"

64. 整流式直流电焊机是通过( )来调整焊接电流的大小。

A. 改变他励绕组的匝数　　　　　　　　　B. 改变并励绕组的匝数

C. 整流装置　　　　　　　　　　　　　　D. 调节装置

65. 整流式直流电焊机中主变压器的作用是将( )引弧电压。

A. 交流电源电压升至　　　　　　　　　　B. 交流电源电压降至

C. 直流电源电压升至　　　　　　　　　　D. 直流电源电压降至

66. 三相异步电动机的优点是( )。

A. 调速性能好　　　B. 交直流两用　　　C. 功率因数高　　　D. 结构简单

67. 三相单速异步电动机定子绕组概念图中每相绕组的每个极相组应( )着电流箭头方向联结。

A. 逆　　　　　　　　　　　　　　　　　B. 顺

C. 1/3 顺着,2/3 逆着　　　　　　　　　D. 1/3 逆着,2/3 顺着

68. 三相异步电动机能耗制动的过程可用( )来控制。

A. 电压继电器　　　B. 电流继电器　　　C. 热继电器　　　D. 时间继电器

69. 三相异步电动机能耗制动时,机械能转换为电能并消耗在( )回路的电阻上。

A. 励磁　　　　　　B. 控制　　　　　　C. 定子　　　　　　D. 转子

70. 为提高中小型电力变压器铁芯的导磁性能,减少铁损耗,其铁芯多采用( )制成。

A. 0.35 mm 厚,彼此绝缘的硅钢片叠装　　B. 整块钢材

C. 2 mm 厚彼此绝缘的硅钢片叠装　　　　D. 0.5 mm 厚,彼此不需绝缘的硅钢片叠装

71. JBK 系列控制变压器适用于机械设备一般电器的控制、工作照明、( )的电源之用。

A. 电动机　　　　　B. 信号灯　　　　　C. 油泵　　　　　D. 压缩式

72. 直流电动机由于换向器表面有油污导致电刷下火花过大时,应( )。

A. 更换电刷　　　　　　　　　B. 重新精车

C. 清洁换向器表面　　　　　　D. 对换向器进行研磨

73. 三相绕线转子异步电动机的调速控制采用( )的方法。

A. 改变电源频率　　　　　　　B. 改变定子绕组磁极对数

C. 转子回路串联频敏变阻器　　D. 转子回路串联可调电阻

74. 直流电动机转速不正常的故障原因主要有( )等。

A. 换向器表面有油污　　　　　B. 接线错误

C. 无励磁电流　　　　　　　　D. 励磁回路电阻过大

二、判断题(将判断结果填在括号中,正确的填√,错误的填×)

( )1. 变压器是根据电磁感应原理而工作的,它能改变交流电压和直流电压。

( )2. 电动机是使用最普遍的电气设备之一,一般在 70% ~95% 额定负载下运行时效率最低,功率因数大。

( )3. 为了减少涡流损耗,直流电动机的磁极铁芯通常用 1~2 mm 薄钢板冲制叠压后,用铆钉铆紧制成。

( )4. 直流电动机按照励磁方式可分自励、并励、串励和复励四类。

( )5. 变压器是一种将交流电转换成同频率的另一种直流电的静止设备。

( )6. 变压器可以用来改变交流电压、电流、阻抗、相位,以及电气隔离。

( )7. 直流电动机结构简单、价格便宜、制造方便、调速性能好。

( )8. 三相异步电动机具有结构简单、工作可靠、重量小、价格低等优点,调速性能好等特点。

( )9. 直流电动机的转子由电枢铁芯、绕组、换向器和电刷装置等组成。

( )10. 直流电动机的定子由机座、主磁极、换向极、电刷装置等组成。

( )11. 三相异步电动机的转子由转子铁芯、转子绕组、风扇、换向器等组成。

( )12. 三相异步电动机的定子由机座、定子铁芯、定子绕组、端盖、接线盒等组成。

( )13. 三相异步电动机反接制动时,定子绕组中通入单相交流电。

( )14. 三相异步电动机能耗制动时,定子绕组中通入单相交流电。

( )15. 三相异步电动机能耗制动的过程可用热继电器来控制。

( )16. 三相异步电动机制动效果最强烈的电气制动方法是反接制动。

( )17. 三相异步电动机的启停控制线路中需要有短路保护和过载保护的功能。

( )18. 三相异步电动机工作时,其转子的转速不等于旋转磁场的转速。

( )19. 三相异步电动机的位置控制电路中需要行程开关或相应的传感器。

( )20. 绕线式异步电动机串电阻启动过程中,一般用电位器做启动电阻。

( )21. 绕线式异步电动机转子串适当的电阻启动时,既能减小启动电流,又能增大启动转矩。

（　）22.绕线式异步电动机启动时，转子串入的电阻越大，启动电流越小，启动转矩越大。

（　）23.三相异步电动机的转差率小于零时，工作在再生制动状态。

（　）24.直流电动机的电气制动方法有：能耗制动、反接制动、单相制动等。

（　）25.三相笼型异步电动机转子绕组中的电流是感应出来的。

（　）26.直流电动机转速不正常的故障原因主要有励磁回路电阻过大等。

（　）27.使直流电动机反转的方法之一是：将电枢绕组两头反接。

（　）28.直流电动机启动时，励磁回路的调节电阻应调到最大。

（　）29.电磁抱闸制动是电气制动方法的一种。

（　）30.拆卸变压器的铁芯时，应先将变压器置于 180～200 ℃的温度下烘烤 2 h 左右。

（　）31.直流电动机弱磁调速时，励磁电流越小，转速越高。

第二节　常见电力电子装置

一、软启动器

异步电动机降压启动方法都是有级降压启动，启动过程仍存在二次冲击电流，对供电电网和负载设备有冲击影响。另外，三相异步电动机停机时，一般传统的控制方法都是通过瞬间停电完成的，但是在有些场合不希望交流电动机采用瞬间停电、停机，例如：高层建筑、大楼的水泵系统，异步电动机采用瞬间停电、停机，会产生巨大的"水锤效应"，使管道甚至水泵遭到损坏。因此，需要异步电动机逐渐停机，即软停车，而传统方法无法实现。

（一）软启动器概述

电子式软启动器（简称软启动器）是一种集软启动、软停车、轻载节能和多功能保护于一体的新颖电动机控制装置。它可以使电动机在整个启动过程中实现无冲击而平滑的启动，而且可根据电动机负载的特性来调节启动过程中的参数，如启动电压、启动电流、启动时间等。同时可有效地避免水泵停止时所产生的"水锤效应"。

软启动器具有良好的人机交互界面，便于操作与调试，可以设置多种启动模式和停止模式，具有完善的保护功能，灵活设置相关保护参数并具有故障信号报警等功能。

由于软启动器性能优良、体积小、质量轻，并且具有智能控制及多种保护功能，负载适应性很强，所以逐步取代丫—△等传统的降压启动设备，在各行各业得到越来越多的应用。

（二）软启动器的工作原理

1. 软启动器的基本工作原理

软启动器主要由串接于三相交流电源与被控电动机之间的三相反并联晶闸管及其电子控制电路组成。主电路就是采用相位控制的三组反并联晶闸管组成的交流调压电路。在每一相中均拥有两个反并联接法的晶闸管，其中一只晶闸管用于正半周，另一只用于负半周。电子控制电路通过控制晶闸管的触发脉冲控制角大小来调节晶闸管的导通角，从而改变软启动器的输出电压，即三相交流电动机定子电压的大小。

由于异步电动机的启动电流与异步电动机定子电压成正比，异步电动机的启动转矩与异步电动机定子电压的平方成正比,所以控制异步电动机定子电压就可以控制异步电动机的启动电流和启动转矩。在软启动过程中,电动机启动转矩逐渐增加,转速也逐渐增加,从而实现无冲击而平滑的启动。

　　图4-3为旁路型软启动器主电路、图4-4为内置旁路型软启动器主电路,在电动机完成启动加速之后,电动机在额定电压下运行。由于在运行过程中没有必要调节电动机定子电压,因此将通过内部安装的旁路触点或旁路接触器将晶闸管短接。这样就可在连续运行过程中,减少晶闸管损耗功率及所产生的热量排放,因此也可降低设备周围环境的受热温度,延长软启动器的使用寿命。

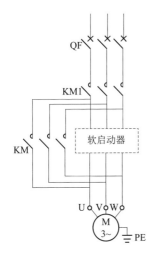

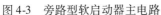

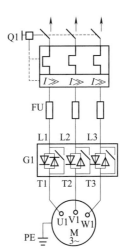

图4-3　旁路型软启动器主电路　　　　图4-4　内置旁路型软启动器主电路

　　软启动器除了软启动功能外,还具有软停车功能。软停车与软启动过程相反,软启动器得到停机指令后,晶闸管从全导通逐渐地减小导通角,输出电压逐渐降低,电动机转速逐渐下降到零。

2. 软启动器的启动方式和停车方式

　　(1)电压斜坡软启动方式。这种启动方式最简单,不具备电流闭环控制,仅调整晶闸管导通角,使之与时间成一定函数关系增加即可。采用电压斜坡软启动方式时,应选择合适启动电压和启动时间。启动电压的高低决定了电动机的启动电流和启动转矩。启动时间的长短可决定在什么时间内将电机电压从所设置的启动电压升高到电源电压。一般而言,该模式适用于对启动电流要求不严而对启动平稳性要求较高的场合。

　　(2)限电流软启动方式。这种启动方式用于对电流有限制要求的场合,如具有较大惯性质量且因此具有较长启动时间的通风机、泵类负载的启动。

　　(3)突跳+限流或突跳+电压启动方式。在启动开始阶段,提供一个短时的较大转矩,满足在启动时需要一个较高启动转矩的负载,以克服负载的静摩擦力,然后按限电流或电压斜坡的方式启动。此种启动方式适用于带较重负载启动或负载静摩擦力较大的场合,应先采用非突跳方式启动电动机,若电动机因静摩擦力太大不能转动时,再选用此方式,否则应避免采用此方式启动,以减少不必要的大电流冲击。

　　(4)转矩控制启动方式。这种启动方式是利用电压和电流有效值及电源电压和电动机电流之间的相应相位信息,计算出电动机转速和转矩,并对电动机电压进行相应调节。与电压斜坡相比,其优点是改善了电动机的机械加速特性。软启动器可根据所设置的参数,以连续线性方式,对电动机上所产生的转矩进行调节,直到完成电动机加速时为止。转矩控制启动方式特别适用于负载需要均匀、平稳驱动的启动情况。转矩控制启动方式可以和突跳组成"突跳 + 转矩控制"启动方式,典型的应用有磨碎机、破碎机或带有滑动轴承的驱动装置。

软启动器一般有如下几种停止方式:自由停车(慢性停车),即适用于停车时间和停车距离无要求的负载设备。软停止/泵停止,即适用于对停车时间有要求和柔性停机的泵类负载等场合,即直流制动(DC 制动),即用于对停车时间和停车距离有要求的工作场合。

3. 故障分析及处理

(1)按启动信号时,电动机不启动故障。此时首先应检查软启动器三相交流电源是否正常,有无缺相(若缺相,则重点检查三相交流电源,熔断器是否熔断、晶闸管是否开路、晶闸管线是否接触良好,然后检查输出回路及电动机连接线);控制电路电源电压是否正常;热保护继电器是否脱扣等。

(2)无启动信号时,电动机嗡嗡欲动故障:重点检查输出三相交流电压,晶闸管是否损坏、旁路接触器是否工作正常、是否卡在闭合位置等。

(3)过热故障:首先检查冷却风扇是否正常,检查冷却风道是否被脏物和灰尘堵塞。然后检查启动是否过于频繁或电动机功率与软启动器是否不匹配等。

(三)软启动器的应用

凡是不需要进行转速调节或要求特别高的启动转矩的各种应用场合,均可使用软启动器。软启动器特别适用于各种泵类负载或风机类负载,需要软启动与软停车的场合。以前仅可使用变频器进行控制的许多驱动装置,只要不需要进行转速调节或要求特别高的启动转矩,均可使用软启动器。软启动器主要应用在水处理、冶金、石化、造船、矿山机械等行业。具体设备例如带式输送机、风机、水泵、搅拌装置等。

1. 软启动器的型号

软启动器目前有许多型号,例如西门子、ABB、施奈德等。

西门子软启动器有 3RW30、3RW40、3RW44 等系列设备已经内置旁路接触器。3RW30 系列为标准型软启动器,采用的是两相控制技术和"相位控制"原理。3RW40 系列由于采用创新的控制原理,功率范围扩大到 250 kW。3RW44 系列为高性能型软启动器,功能强大,采用转矩控制原理,可用功率更大,操作方便。

ABB 软启动器有 PSR 紧凑型、PSS 通用型和 PST(PSTB)智能型。PSR 紧凑型软启动器是 ABB 软启动器的最新型号,尤其适用于安装空间有限的场合,所有 PSR 软启动器均带有一个运行信号继电器。PSS 通用型软启动器适合电动机电流为 18～515 A 的应用,它提供了内接或外接两种不同的接线方式供用户选择。PST(PSTB)智能型软启动器是基于微处理器的软启动器,设计应用了最新技术,为电动机提供软启动和软停止功能,可使用或不使用旁路接触器,具有独特的转矩控制功能、中文文本菜单、完善的电动机保护功能、模拟量输出信号、可编程信号继电器以及可配置的强大的通信功能,引导式菜单可帮助用户选择最佳的设置及快速排除故障。

2. 软启动器的选用

选择软启动器时,首先应考虑软启动器能否满足负载工作情况,例如负载工作需要进行电动机调速控制的情况下就不能选择软启动器,因为软启动器没有调速的功能,此时应选择变频器。变频器既能实现软启动，又能进行调速控制，而变频器是个变压变频装置，其输出不但改变电压而且同时改变频率，既能实现软启动，又能进行调速控制，但变频器的价格比软启动器贵，结构也复杂。在不需要调速控制的场合，尽可能采用软启动器实现软启动。

对于特殊负载，尤其是启动转矩大、加速转矩大、启动时间长的重载情况，也应充分考虑软启动器能否适合负载特性。当确定采用软启动器时，首先应考虑软启动器类型。一般情况，应采用内置旁路型软启动器或旁路型软启动器。其次应确定负载类型，根据负载类型选用软启动器型号。对于要求启动转矩小、启动时间少于 20 s 的常规负载，如一般风机、泵类负载，可选择标准型软启动器。对于启动转矩大、启动时间长的重载情况，如破碎机、提升机等，应选择高性能型软启动器。接下来应根据电动机额定电流、额定电压选择软启动器具体型号规格和容量。这里要特别注意，选择软启动器容量时，应根据电动机的额定电流来选择，并留有一定的余量，其额定电流应大于电动机的工作电流。另外，还应考虑其保护功能是否完备、现场环境温度、通风等其他情况是否良好。

3. 软启动器的安装接线与调试

（1）操作步骤

首先按原理图进行接线，主电源 1L1、3L2、5L3 通过带隔离开关熔断器组、接触器连接至三相交流电源，不需考虑连接相序，软启动器输出端子 2T1、4T2、6T3 按正确相序连接至电动机，软启动器输出端不能连接电容器。检查无误后，接通电源开关进行调试，其次根据负载类型及生产工艺要求进行参数设置，PSR 紧凑型软启动器主要设定启动时间、停止时间和初始电压等参数，在面板上有相应的设置旋钮。最后参数设定后，可以进行试运行。

（2）注意事项

软启动器应垂直安装，使用螺栓安装在牢固的结构上，周围要留有足够空间便于散热，金属外壳必须良好接地。调试运行时，不能采用主电路电源开/关的方法来控制软启动器运行和停止，应待软启动器通电以后，用软启动器上的控制端子的启动/停止来控制软启动器的运行和停止。日常维护要由专业技术人员进行操作。软启动器旁路接触器必须与软启动器的输入和输出端一一对应正确，不允许调换相序，否则容易引起软启动器启动完成后，旁路接触器刚动作就跳闸的故障。

二、充电桩

随着新能源汽车技术的快速发展，电动汽车及油电混动汽车也作为国家新能源战略的重要方向而得到了大力发展，充电桩作为两者的配套设施也逐渐推广使用。

充电桩其功能类似于加油站里面的加油机，但相较于加油机来说充电桩的安置位置要更加灵活一些，可以固定在地面或墙壁上，安装于公共建筑（公共楼宇、商场、公共停车场等）和居民小区停车场或充电站内，也可以安装在加油站内，可以根据不同的电压等级为各种型号的电动汽车的动力电池充电。

充电桩的输入端与交流电网直接连接，输出端都装有充电插头用于为电动汽车充电。充电桩一般提供常规充电和快速充电两种充电方式，人们可以使用特定的充电卡在充电桩提供的人机交互操作界面上刷卡使用，进行相应的充电方式、充电时间、费用数据打印等操作，充电桩显示屏能显示充电量、费用、充电时间等数据。

按充电方式可以将充电桩分为交流充电桩和直流充电桩。交流充电桩和直流充电桩在充电速度上是有明显区别的,直流充电桩采用三相四线制交流电网供电,其供电电压范围是 AC $380 \times (1 \pm 15\%)$ V,所以可以从电源端获得足够高的功率,其输出电压和电流调节范围也较大,能够实现快速充电,一般安装在高速公路旁的充电站。另外,采用直流充电桩可以直接为汽车的动力电池充电,而交流充电桩需要借助车载充电机来为汽车充电,且充电时间较直流充电桩长,一般安装在停车场内。

(一)直流充电桩的结构及控制流程

1. 直流充电桩的结构

直流充电桩通过内部交—直流转换模块将交流电转换为直流电,再直接给动力电池充电,主要由触摸屏、刷卡模块、主控制器、智能电表、断路器、熔断器、充电模块、主继电器、辅助电源和防雷模块等组成,如图 4-5 所示。

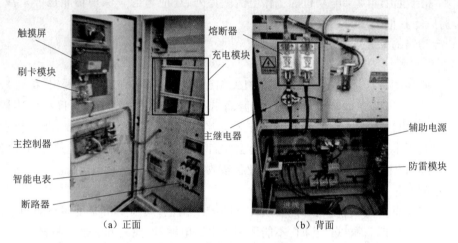

（a）正面　　　　　　　　　　（b）背面

图 4-5　直流充电桩的结构

2. 直流充电桩的控制流程

直流充电桩的充电控制流程主要分成以下几个阶段:

(1)低压辅助上电阶段。当充电枪和汽车快充插座连接完成并通电后,开启低压辅助电源。

(2)充电握手阶段。进行绝缘检测,之后确定电池和充电机的必要信息,主要包括充电机型号、车辆识别号和电池型号等。

(3)充电参数配置阶段。充电握手成功后,充电机和电动汽车动力电池管理系统(BMS)进入充电参数配置阶段。此时,充电机向 BMS 发送充电机最大输出能力的报文,BMS 根据报文判断是否能够进行充电操作。

(4)充电阶段。在充电阶段,BMS 和充电机会一直互相发送各自的充电状态。BMS 会向充电机发送充电需求,而充电机会根据 BMS 发送的充电需求来调整充电电压及电流,以保证充电过程能顺利进行。

(5)充电结束阶段。充电结束阶段需要 BMS 和充电机同时确认。BMS 向充电机发送整个充电过程中的充电统计数据,充电机收到 BMS 的充电统计数据后,向 BMS 发送整个充电过程中的输出电量、累计充电时间等信息,最后停止低压辅助电源的输出。

3. 直流充电桩的连接及参数设置

直流充电桩的连接方式如图 4-6 所示,直流充电桩的接口布置如图 4-7 所示,其接口功能定义见表 4-1。

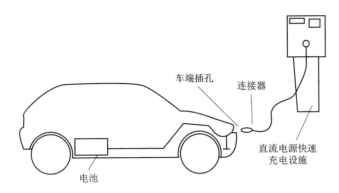

图 4-6 直流充电桩的连接方式

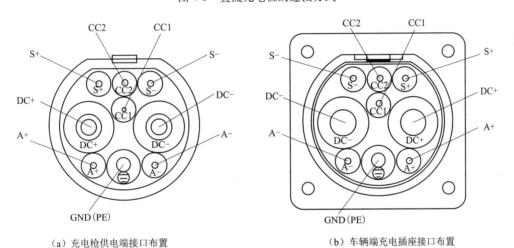

（a）充电枪供电端接口布置　　　　　　　（b）车辆端充电插座接口布置

图 4-7 直流充电桩的接口布置

表 4-1 直流充电桩的接口功能定义

接口编号/标志	额定电压和额定电流	功能定义
1/DC +	750 V、125 A/250 A	直流电源正极,连接直流电源正极与电池正极
2/DC −	750 V、125 A/250 A	直流电源负极,连接直流电源负极与电池负极
3/GND(PE)	—	保护接地(PE),连接供电设备地线和车辆地线
4/S +	30 V、20 A	充电通信 CAN_H,连接充电机与电动汽车的通信线
5/S −	30 V、20 A	充电通信 CAN_L,连接充电机与电动汽车的通信线
6/CC1	30 V、20 A	充电连接确认 1
7/CC2	30 V、20 A	充电连接确认 2
8/A +	30 V、20 A	低压辅助电源正极,连接充电器为电动汽车提供低压辅助电源
9/A −	30 V、20 A	低压辅助电源负极,连接充电器为电动汽车提供低压辅助电源

（二）交流充电桩的结构及原理

交流充电桩要配合车载充电机来使用,车载充电机是新能源汽车的随车部件,由于受到放置空间的限制,车载充电机体积较小,故其功率也会比较小,充电时间比较长。

1. 交流充电桩的结构

交流充电桩与直流充电桩结构上的不同主要在于直流充电桩是将交流电转化为直流电,直接供给汽车的,而交流充电桩输出的是交流电,需要跟汽车上的车载充电机相接由车载充电机将交流电转化为直流电。少了一个 A—D 转换模块使得交流充电桩在实际尺寸上可以做得更小一些。交流充电桩主要由触摸屏、充电枪插座、计费板、单相计量电表、辅助电源、交流接触器、进线开关、接线端子、进线电缆抱箍、防尘网、控制板、电流互感器和浪涌保护器等组成。双接口交流充电桩的内部结构如图 4-8 所示。

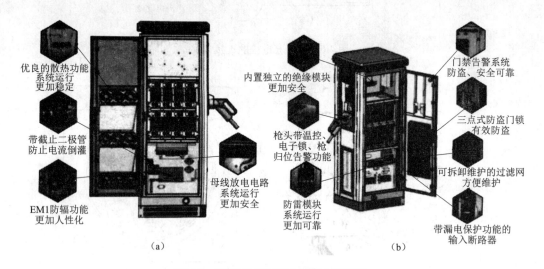

优良的散热功能
系统运行
更加稳定

带截止二极管
防止电流倒灌

EM1防辐功能
更加人性化

内置独立的绝缘模块
更加安全

枪头带温控、
电子锁、枪
归位告警功能

防雷模块
系统运行
更加可靠

母线放电电路
系统运行
更加安全

门禁告警系统
防盗、安全可靠

三点式防盗门锁
有效防盗

可拆卸维护的过滤网
方便维护

带漏电保护功能的
输入断路器

（a）　　　　　　　　　　　（b）

图 4-8　双接口交流充电桩的内部结构

2. 交流充电桩的连接及参数设置

交流充电桩的连接方式如图 4-9 所示,交流充电桩的接口布置如图 4-10 所示,其接口功能定义见表 4-2。

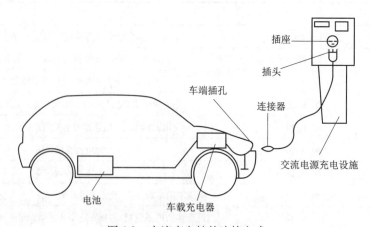

插座

插头

车端插孔

连接器

电池

车载充电器

交流电源充电设施

图 4-9　交流充电桩的连接方式

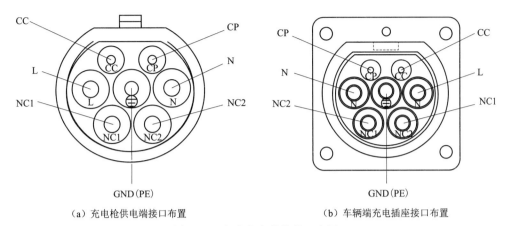

（a）充电枪供电端接口布置　　　　　　　　　（b）车辆端充电插座接口布置

图 4-10　交流充电桩的接口布置

表 4-2　交流充电桩的接口功能定义

接口编号/标志	额定电压和额定电流	功能定义
1/L	250 V/440 V、16 A/32 A	交流电源
2/NC1	—	备用插头
3/NC2	—	备用插头
4/N	250 V/440 V、16 A/32 A	中线
5/GND(PE)	—	保护接地(PE),连接供电设备地线和车辆地线
6/CC	30 V、2 A	充电连接确认
7/CP	30 V、2 A	控制确认

3. 交流充电桩的使用

交流充电桩输入和输出都是交流电,一般接口有七根线,分别是:L、N——交流电源两根线;PE——地线,在充电连接过程中,首先接通保护地触头,最后接通确认触头与充电连接确认头,而在脱开过程中的,首先断开控制确认接头与充电连接确认接头,最后才断开地线;CC——充电连接确认;CP——控制确认;NC1、NC2——备用触头。交流充电桩体积一般比直流的充电桩小,因为它的充电速度比直流慢一点,也就是说交流充电桩只是提供了电力输出功能,实际上没有充电功能,连接的时候与车上面的充电机合为汽车充电。也就是说它需要借助车载充电机来充电,因此它的功率一般不会很大,一般为 3.5 kW、7 kW 、15 kW 等。

4. 交流充电桩的检测原理

交流充电桩的控制电路示意如图 4-11 所示。当充电枪连接后,车辆控制装置通过检测点 3 的电阻值来判断是否连接正确,同时通过该电阻值来判断供电设备的额定供电容量;此后在各部件满足充电条件的情况下,闭合 S2,车辆控制装置通过检测点 3 的 PWM 波形(脉冲度调制波形)来判断充电设备的最大供电电流,同时车辆控制装置可通过该 PWM 波形进一步判断充电枪的连接状态。正常充电过程中,供电端通过检测点 1 和 4 的电压值、车辆控制端通过检测点 2 的占空比(脉冲信号的通电时间与通电周期之比)和检测点 3 的阻值,判断充电枪连接状态,当检测值出现异常时,断开相应的开关并停止充电。

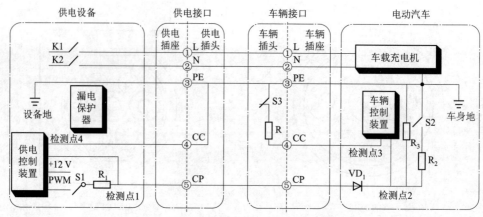

图 4-11　交流充电桩的控制电路示意

三、变频器

变频器是通过改变交流电动机定子电压、频率等参数来调节电动机转速的装置。风机、泵类负载采用变频调速后,节电率可以达到 20% ~ 60%。

(一)变频器的分类

(1)按变频的原理分类:交—交变频器和交—直—交变频器。

交—交变频器是把恒压恒频(CVCF)的交流电直接转换成变压变频(VVVF)的交流电,因此,也称为直接变频器。

交—直—交变频器主要由整流电路和逆变电路两部分组成。其中,整流电路将工频交流电整流成直流电,逆变电路再将直流电逆变成频率可调节的交流电。由于经过中间直流环节,因此,也称为间接变频器。在实际应用中,绝大部分采用的是交—直—交变频器。

(2)按交—直—交变频器主回路电源的性质分类:电压型变频器和电流型变频器。

(二)通用变频器的结构和原理

虽然变频器的种类很多,其内部结构各有不同,但它们的基本结构是相似的。下面以交—直—交电压型变频器为例,介绍变频器的基本结构和各部分电路的主要功能。交—直—交电压型变频器由主电路(包括整流电路、中间直流滤波电路、制动电路、逆变电路)和控制电路(包括运算电路、检测电路、控制信号的输入/输出电路和驱动电路)组成图 4-12 为通用变频器的基本组成。L1、L2、L3 为主电路电源接线端子,U、V、W 为变频器输出接线端子。

1. 整流电路

整流电路的主要作用是把三相(或单相)交流电转变成直流电,为逆变电路提供所需的直流电源,在电压型变频器中整流电路的作用相当于一个直流电压源。

2. 中间直流滤波电路

滤波电路通常由若干个电解电容并联成一组,如图 4-12 中 C_1 和 C_2。由于电解电容的电容量有较大的离散性,可能使各电容承受的电压不相等,为了解决电容 C_1 和 C_2 均压问题,在两电容旁各并联一个阻值相等的均压电阻 R_1 和 R_2。为减小电网交流侧高次谐波,使输入电流连续,提高变频器的功率因数,在电路中串接直流电抗器 Ld。有的变频器还有直流电压指示环节,图 4-12 中 RH 和 HL。在维修变频器时,必须等 HL 指示灯熄灭后才能进行。

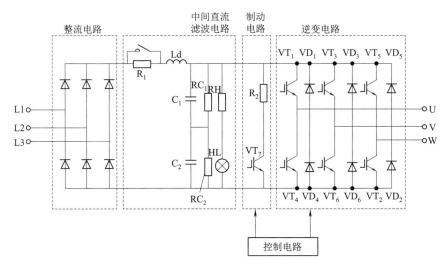

整流电路　　中间直流滤波电路　制动电路　逆变电路

图 4-12　通用变频器的基本组成

理论试题精选 7

一、选择题(下列题中括号内,只有 1 个答案是正确的,将正确的代号填入其中)

1. 变频器是通过改变交流电动机定子电压、频率等参数来(　　)的装置。

A. 调节电动机转速　　　　　　　　　B. 调节电动机转矩

C. 调节电动机功率　　　　　　　　　D. 调节电动机性能

2. 变频器是把电压、频率固定的交流电变换成(　　)可调的交流电的变换器。

A. 电压、频率　　　　B. 电流、频率　　　　C. 电压、电流　　　　D. 相位、频率

3. 西门子变频器的功率输出线是(　　)。

A. U、V、W　　　　　B. L1、L2、L3　　　　C. A、B、C　　　　D. R、S、T

4. 西门子 MM420 变频器的主电路电源端子(　　)需经交流接触器和保护用断路器与三相电源连接,但不宜采用主电路的通、断进行变频器的运行与停止操作。

A. X、Y、Z　　　　　B. U、V、W　　　　　C. L1、L2、L3　　　　D. A、B、C

5. 将变频器与 PLC 等上位机配合使用时,应注意(　　)。

A. 使用共同地线、最好接入噪声滤波器、电线各自分开

B. 不使用共同地线、最好接入噪声滤波器、电线汇总一起布置

C. 不使用共同地线、最好接入噪声滤波器、电线各自分开

D. 不使用共同地线、最好不接入噪声滤波器、电线汇总一起布置

6. 一台使用多年的 250 kW 电动机拖动鼓风机,经变频改造运行两个月后常出现过流跳闸,故障的原因可能是(　　)。

A. 变频器选配不当

B. 变频器参数设置不当

C. 变频供电的高频谐波使电机绝缘加速老化

D. 负载有时过重

7. 西门子 MM440 变频器可外接开关量,输入端⑤~⑧作多段速给定端,可预置( )个不同的给定频率值。

A. 15   B. 16   C. 4   D. 8

8. 低压软启动器的主电路通常采用( )形式。

A. 电阻调压   B. 自耦调压

C. 开关变压器调压   D. 晶闸管调压

9. 软启动器( )常用于短时重复工作的电动机;软启动器在( )下,一台软启动器才有可能启动多台电动机。

A. 跨越运行模式   B. 接触器旁路运行模式

C. 节能运行模式   D. 调压调速运行模式

10. 软启动器的( )功能用于防止离心泵停车时的"水锤效应"。

A. 软停机   B. 非线性软制动   C. 自由停机   D. 直流制动

11. 水泵停车时,软启动器应采用( )。

A. 自由停车   B. 软停车   C. 能耗制动停车   D. 反接制动停车

12. 软启动器对搅拌机等静阻力矩较大的负载应采取( )方式。

A. 转矩控制启动   B. 电压斜坡启动

C. 加突跳转矩控制启动   D. 限流软启动

13. 软启动器对( )负载应采取加突跳转矩控制的启动方式。

A. 水泵类   B. 风机类

C. 静阻力矩较大的   D. 静阻力矩较小的

14. 软启动器内部发热主要来自晶闸管组件,通常晶闸管散热器温度要求不高于( )℃。

A. 120   B. 100   C. 60   D. 75

15. 软启动器的晶闸管调压电路组件主要由动力底座、( )、限流器、通信模块等选配模块组成。

A. 输出模块   B. 以太网模块   C. 控制单元   D. 输入模块

16. 软启动器启动比变频启动方式启动转矩( )。

A. 大   B. 小   C. 一样   D. 小很多

17. 接通主电源后,软启动器虽处于待机状态,但电动机有"嗡嗡"响,此故障不可能的原因是( )。

A. 晶闸管短路故障   B. 旁路接触器有触点黏连

C. 触发电路不工作   D. 启动线路接线错误

18. 软启动器的主电路采用( )交流调压器,用连续地改变其输出电压来保证恒流启动。

A. 晶闸管变频控制   B. 晶闸管 PWM 控制

C. 晶闸管相位控制   D. 晶闸管周波控制

19. 软启动器的功能调节参数有:运行参数、( )、停车参数。

A. 电阻参数   B. 启动参数   C. 电子参数   D. 电源参数

20. 软启动器主电路中接三相异步电动机的端子是( )。

A. A、B、C   B. X、Y、Z   C. U1、V1、W1   D. L1、L2、L3

21. 软启动器启动完成后,旁路接触器刚动作就跳闸,其故障原因可能是(　　)。

A. 启动参数不合适

B. 晶闸管模块故障

C. 启动控制方式不当

D. 旁路接触器与软启动器的接线相序不一致

22. 软启动器旁路接触器必须与软启动器的输入和输出端一一对应正确,(　　)。

A. 要就近安装接线　　　　　　　　　B. 允许变换相序

C. 不允许变换相序　　　　　　　　　D. 要做好标识

23. 软启动器中晶闸管调压电路采用(　　)时,主电路中电流谐波最小。

A. 三相全控丫联结　　　　　　　　　B. 三相全控丫0 联结

C. 三相半控丫联结　　　　　　　　　D. 丫—△联结

24. 软启动器具有轻载节能运行功能的关键在于(　　)。

A. 选择最佳电压来降低气隙磁通　　　B. 选择最佳电流来降低气隙磁通

C. 提高电压来降低气隙磁通　　　　　D. 降低电压来降低气隙磁通

25. 软启动器的日常维护一定要由(　　)进行操作。

A. 专业技术人员　　　B. 使用人员　　　C. 设备管理部门　　　D. 销售服务人员

26. 内三角接法软启动器只需承担(　　)的电动机线电流。

A. $1/\sqrt{3}$　　　　　　B. 1/3　　　　　　C. 3　　　　　　D. $\sqrt{3}$

27. 凝露的干燥是为了防止因潮湿而降低软启动器的(　　),及其可能造成的危害。

A. 使用效率　　　B. 绝缘等级　　　C. 散热效果　　　D. 接触不良

28. STR 系列(　　)软启动器,是内置旁路、集成型;STR 系列(　　)软启动器,是外加旁路、智能型。

A. A 型　　　　　　B. B 型　　　　　　C. C 型　　　　　　D. L 型

29. 用于标准电路正常启动设计的西门子软启动器型号是(　　);可用于标准电路和内三角电路的西门子软启动器型号是 (　　)。

A. 3RW30　　　　　B. 3RW31　　　　　C. 3RW22　　　　　D. 3RW34

30. 软启动器可用于频繁或不频繁启动,建议每小时不超过(　　)。

A. 20 次　　　　　　B. 5 次　　　　　　C. 100 次　　　　　D. 10 次

31. 软启动器的主要参数有:(　　)、电动机功率、每小时允许启动次数、额定功耗等。

A. 额定尺寸　　　B. 额定磁通　　　C. 额定工作电流　　　D. 额定电阻

32. 软启动器具有节能运行功能。在正常运行时,能依据负载比例自动调节输出电压,使电动机运行在最佳效率的工作区,最适合应用于(　　)。

A. 间歇性变化的负载　　　　　　　　B. 恒转矩负载

C. 恒功率负载　　　　　　　　　　　D. 泵类负载

33. 软启动器进行启动操作后,电动机运转,但长时间达不到额定值,此故障不可能的原因是(　　)。

A. 启动线路接线错误　　　　　　　　B. 启动控制方式不当

C. 晶闸管模块故障　　　　　　　　　D. 启动参数不合适

34. 电网电压正常,启动过程中软启动器欠电压保护动作,此故障原因不可能是( )。

    A. 欠电压保护动作整定值设置不正确   B. 减轻电流限幅值

    C. 晶闸管模块故障   D. 电压取样电路故障

35. 检查充电桩设备时,一般采用直接感觉诊断法来进行故障诊断,以下方法正确的是( )。

    A. 用肉眼直接看充电桩是否运行   B. 观察充电桩配电箱指示灯状态

    C. 直接拔枪充电,能充电即为正常   D. 用专用仪器检测

36. 交流充电枪插头接线端子中 PE 线的作用是( )。

    A. 保护接地   B. 中线   C. 控制导引   D. 充电通信

37. 单枪充电桩对电车汽车充电满后,LED 灯显示( ),此时可将充电枪从电动汽车的充电座上拔出。

    A. 黄色   B. 绿色   C. 红色   D. 蓝色

38. 按照充电方式的不同,常见的充电桩不包括( )充电桩。

    A. 直流   B. 交流   C. 家用   D. 非接触式

39. 交流充电桩的供电插头有( )个触头。

    A. 9   B. 8   C. 7   D. 5

40. 充电桩红色指示灯亮表示( )。

    A. 充电结束   B. 故障告警   C. 正在充电   D. 电源指示

41. BMS 的中文名称是( )。

    A. 电池控制系统   B. 电池管理系统   C. 电池分析系统   D. 电池服务系统

42. 电动汽车充电完成之后,有以下几个操作步骤:①拔枪;②结算;③把充电枪挂回充电桩。其中正确的操作顺序是( )。

    A. ①②③   B. ②①③   C. ②③①   D. ①③②

43. 正确掌握充电时间,以下做法不正确的是( )。

    A. 充电时间越长电量越满   B. 红灯亮时,应立即停车充电

    C. 参考平时充电频次   D. 按照操作规程进行

44. 直流充电桩的供电插头有( )个触头。

    A. 9   B. 8   C. 7   D. 5

45. 交流充电桩的 CC 接口的作用是( )。

    A. 交流电源   B. 直流电源   C. 充电连接确认   D. 控制确认

46. 交流充电桩的 CP 接口的作用是( )。

    A. 交流电源   B. 直流电源   C. 充电连接确认   D. 控制确认

二、判断题(将判断结果填在括号中,正确的填√,错误的填×)

( )1. 变频器输出侧技术数据中额定输出电流是用户选择变频器容量时的主要依据。

( )2. 变频器由微处理器控制,可以显示故障信息并可自动修复。

( )3. 软启动器的主电路采用晶闸管交流调压器,稳定运行时晶闸管长期工作。

( )4. 软启动器的日常维护应由使用人员自行开展。

( )5. 软启动器可用于降低电动机的启动电流,防止启动时产生力矩的冲击。

（　　）6. 一台软启动器只能控制一台异步电动机的启动。

（　　）7. 变频调速性能优异、调速范围大、平滑性好、低速特性较硬,是绕线式转子异步
电动机的一种理想调速方法。

（　　）8. 露天设置的充电桩应有安全防护措施,保证雷雨等特殊天气的设备安全。

（　　）9. 软启动器由微处理器控制,可以显示故障信息并可自动修复。

（　　）10. 不宜用软启动器频繁地启动电动机,以防止电动机过热。

（　　）11. 充电过程中如发现故障,充电人员应立即切断全部电源。

第五章

继电控制电路及常用机床电路

学习目标

1. 熟悉常用低压电器的符号、作用、类型及选用原则。

2. 熟悉三相交流笼型异步电动机顺序控制电路原理、位置控制电路原理。

3. 熟悉三相交流异步电动机能耗制动、反接制动电路原理。

4. 熟悉三相交流绕线式异步电动机启动控制电路原理。

5. 掌握电动机控制电路的安装方法。

6. 掌握 C6140 车床电气控制电路组成、控制原理、M7130 平面磨床电气控制电路组成、控制原理和 Z37 摇臂钻床电气控制电路组成、控制原理。

第一节　低压电器及选用

一、低压断路器

(一)符号及作用

低压断路器是刀开关、熔断器、热继电器和欠电压继电器的组合,是一种既能手动开关操作,又能自动进行欠电压、过载和短路保护,同时也可以用于不频繁的启动电动机的器件。它由触点系统、灭弧系统、保护装置和传动机构等组成,其种类很多,常见的是空气开关,外形及图形符号如图 5-1 所示,文字符号为 QF。

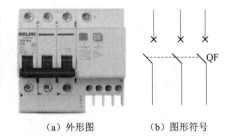

（a）外形图　　　（b）图形符号

图 5-1　空气开关外形图及图形符号

(二)类型及选用原则

断路器按结构形式分为塑壳式和框架式。塑壳式又称装置式,广泛用于 60 A 及以下民用照明线路中,常用的有 DZ15、DZ47 系列产品;框架式又称万能式,常用于低压配电干线的主保护,有 DW 系列。

断路器按性能分为普通式和限流式,其中,限流式断路器具有特殊的触头系统,能快速切断电路且有较大的开断能力。

电磁脱扣器的瞬时脱扣整定电流应大于负载正常工作时可能出现的峰值电流;热脱扣器的整定电流应等于所控制负载的额定电流;低压断路器的额定电压和额定电流应不小于线路的正常工作电压和计算负载电流。

90

二、熔断器

(一)符号及作用

熔断器是一种利用熔化作用而切断电路的保护电器。使用时将其串联在所要保护的电路中,主要由熔体、安装熔件的熔管和基座三部分组成。电路正常工作时,熔断器允许一定大小的电流通过,其熔体不熔化;短路或过载时,熔体中流过较大的故障电流,当电流产生的热量达到熔点时,熔体熔化,自动切开电路。熔断器外形及图形符号如图 5-2 所示,其文字符号为 FU。快速熔断器采用(银质熔丝,其熔断时间比普通熔丝短得多。

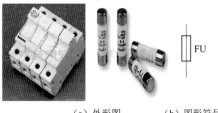

(a) 外形图　　(b) 图形符号

图 5-2　熔断器的外形图和图形符号

(二)类型及选用原则

RCIA 系列瓷插式,一般用在低压线路的末端容量较小的照明或电动机简易保护之处;RL1 系列螺旋式熔断器,应用于控制箱、机床设备中;RM10 系列无填料封闭管式熔断器,一般用于开关柜或配电屏和成套配电装置中,作为导线、电缆及较大容量电气设备的短路或连续过载保护;RT0 系列有填料封闭管式熔断器,主要用于短路电流大的电力网中或有易燃气体的地方;RLS 或 RS0 快速熔断器,主要用于大容量晶闸管元件的短路保护等。

对熔断器的选用主要包括类型选择和熔体额定电流的确定。熔断器的额定电压要大于或等于电路的额定电压,熔断器的额定电流要依据负载情况而选择。电阻性负载或照明电路,这类负载启动过程很短,一般按负载额定电流的 1~1.1 倍选用熔体的额定电流,进而选定熔断器的额定电流。电动机等感性负载,这类负载的启动电流为额定电流的 4~7 倍,一般选择熔体的额定电流为电动机额定电流的 1.5~2.5 倍。

三、热继电器

(一)符号及作用

热继电器是应用电流的热效应原理来工作的低压电器,主要用来防止电动机或其他负载过载及作为三相电动机的断相保护,主要由热元件、双金属片和触头系统组成。由于要使双金属片加热到一定温度,热继电器才会动作,脉冲电流甚至热元件流过短路电流时,热继电器也不会立即动作,所以它不能用来执行短路保护。热继电器图形符号如图 5-3 所示,其文字符号为 FR。

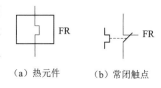

(a) 热元件　　(b) 常闭触点

图 5-3　热继电器图形符号

(二)类型及选用原则

对于△接法的异步电动机应选用三相结构的带断相保护装置的热继电器。正反转及频繁通断的电动机不宜采用热继电器进行保护。

四、控制按钮

（一）符号及作用

按钮的触点允许通过的电流较小，一般不超过 5 A，因此不用来直接控制主电路的通断，而是用在控制电路中发出命令去控制接触器、继电器等，再由它们来控制主电路。控制按钮的原理是：按下按钮时，首先断开常闭触点，常开触点再闭合；按下后再放开，由于复位弹簧的作用，常开触点先恢复断开状态，常闭触点再恢复闭合状态（按钮可以自动复位），其文字符号为 SB，如图 5-4 所示。

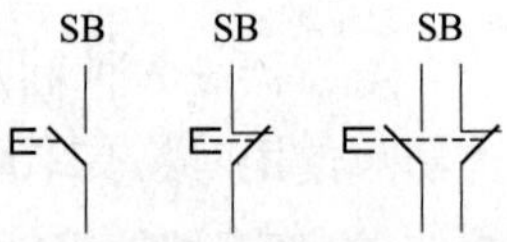

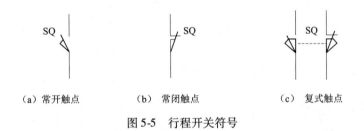

图 5-4　按钮的图形符号

（二）类型及选用原则

启动按钮选用白色的按钮（或绿色）；急停按钮应选用红色的按钮；停止按钮优先选用黑色的按钮。

五、行程开关

行程开关又称位置开关或限位开关。它的作用与按钮相同，但其触点的动作不是靠手按，而是利用生产机械中的运动部件的碰撞而动作，将机械信号变为电信号，接通、断开或变换某些控制电路的指令，借以实现对机械的电气控制要求。通常，这类开关被用来限制机械运动的位置或行程，使运动机械按一定位置或行程自动停止、反向运动、变速运动或自动往返运动等，图 5-5 为行程开关的符号，其文字符号为 SQ。

（a）常开触点　　　　　（b）常闭触点　　　　　（c）复式触点

图 5-5　行程开关符号

六、接触器

（一）符号及作用

接触器是用来频繁的接通或切断电动机或其他负载主电路的一种控制电器。接触器不仅能遥控通断电路，还具有欠电压、零电压保护的作用。接触器主要由电磁机构、触点系统、灭弧装置组成，其图形符号如图 5-6 所示，文字符号为 KM。

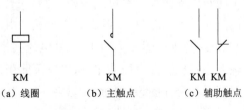

（a）线圈　　　（b）主触点　　　（c）辅助触点

图 5-6　接触器图形符号

（二）工作原理

线圈得电，常闭触点先断开，常开触点闭合、主触点闭合；线圈失电，各触点复位。首先根据负载电流类别进行选择，交流负载应使用交流接触器，直流负载应使用直流接触器；其次接触器的额定电压应不小于主电路的工作电压,接触器的额定电流应不小于被控电路的额定电流。

七、时间继电器

（一）概述

凡是在敏感元件获得信号后,执行元件要延迟一段时间才动作的电器叫作时间继电器,其利用电磁原理或机械动作原理实现触头接通或断开的自动控制电器。

（二）工作原理

当时间继电器线圈得电时,面板上的 ON 灯亮,表示时间继电器正在工作,当时间继电器定时时间到时,面板上 UP 灯亮,表示时间继电器各触点都处于动作状态。时间继电器有 8 个触点,集中在时间继电器的底座上,每个触点上面都有相应的标号,其图形符号如图 5-7 所示,文字符号为 KT。

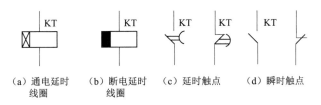

(a) 通电延时线圈　　(b) 断电延时线圈　　(c) 延时触点　　(d) 瞬时触点

图 5-7　时间继电器图形符号

时间继电器触点是否有延时,主要看触点的符号上是否有 ⏛,有则表示是延时触点。线圈触点为 7 进 2 出,延时闭合的常开触点为 8、6,延时断开的常闭触点为 8、5,瞬时闭合常开触点为 1、3,瞬时断开常闭触点为 1、4。

八、速度继电器

（一）概述

速度继电器又称反接制动继电器,是用来反映转速和转向变化的继电器。速度继电器应用广泛,可以用来监测火车的内燃机引擎,也可用来监测气体、水和风力涡轮机,还可以用于造纸业和纺织业的生产。

（二）工作原理

速度继电器主要用于三相异步电动机反接制动的控制电路中,在制动时,控制电路将三相电源的相序改变以后,产生与实际转子转动方向相反的旋转磁场,产生制动力矩,从而使电动机在制动状态下迅速降低速度。在电动机转速接近零时,速度继电器发出信号,切断电源使之停车(否则电动机开始反方向启动)。速度继电器的触点在转速 120 r/min 时动作,在 100 r/min 时复位,其图形符号如图 5-8 所示,文字符号为 KS。

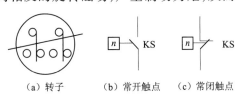

(a) 转子　　(b) 常开触点　　(c) 常闭触点

图 5-8　速度继电器图形符号

九、电磁式继电器

电流继电器、电压继电器、中间继电器均属于电磁式继电器,其结构和动作原理与接触器大致相同,都由铁芯、衔铁、线圈、释放弹簧和触点等部分组成。主要区别在于:继电器可以对多种输入量的变化做出反应,而接触器只有在一定的电压信号下才会动作;继电器是用于切换小电流电路,例如控制电路和保护电路,而接触器用来控制大电流电路;继电器没有灭弧装置,也无主、辅触点之分等。

中间继电器的选用依据是控制电路的电压等级、电流类型、所需触点的数量和容量等,用于继电保护与自动控制系统中,以增加触点的数量及容量。它用于在控制电路中传递中间信号。电磁式继电器图形符号如图5-9所示,电流继电器的文字符号为KI,电压继电器的文字符号为KV,中间继电器的文字符号为KA。

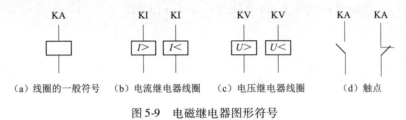

(a)线圈的一般符号　(b)电流继电器线圈　(c)电压继电器线圈　(d)触点

图5-9　电磁继电器图形符号

第二节　电工读图基本知识

电气控制系统是由许多电气元件按照一定的要求连接而成的。为了表达生产机械电气控制系统的结构、原理等设计意图,同时也为了便于电气系统的安装、调整、使用和维修,需要将电气控制系统中各电气元件及其连接关系用一定图形表达出来,这就是电气控制系统图。

电气控制系统图一般包括电气原理图、电气安装接线图、电气元件布置图。图5-9中用不同的图形符号表示不同的电气元件,用不同的文字符号表示电气元件的名称、序号和电气设备或电路的功能、状况和特征,同时还要标上表示导线的线号与接点编号等。

一、电气控制系统图的种类

(一)电气原理图

电气原理图是采用图形符号并按工作顺序排列,详细表明成套装置的组成和连接关系及电气工作原理的,而不考虑其实际位置的一种简图。一般生产机械设备的电气控制原理图可分成主电路、控制电路及辅助电路。

绘制电气原理图时,通常把主电路和辅助电路分开,主电路用粗实线画在辅助电路的左侧或上部;辅助电路用细实线画在主电路的右侧或下部。

(二)电气安装接线图

电气安装接线图用来表示电气控制系统中各电气元件的实际安装位置和接线情况。一般包括元件的相对位置、元件的端子号、导线类型等内容,是为安装电气设备以及电气元件进行配线或检修电器故障服务的。

（三）电气元件布置图

电气元件布置图主要用来表明各种电气设备在机械设备上和电气控制柜中的实际安装位置，其为生产机械电气控制设备的制造、安装维修提供必要的资料。

二、电气控制系统图的读图方法

维修电工以电气原理图、电气安装接线图和电气元件平面布置图最为重要，最后绘制的是平面布置图。电气原理图的读图基本原则：自上而下、从左到右、先主后辅、顺"藤"（线圈）摸"瓜"（触点）。具体分析过程是：分析主电路、分析控制电路、分析辅助电路、分析联锁与保护环节。

读图的基本步骤是：看图样说明，看电路图，看安装接线图。较复杂电气原理图阅读分析时，应从主线路部分入手，再分析控制电路，最后是辅助电路和联锁与保护环节。

在分析较复杂电气原理图的辅助电路时，要对照主电路进行分析。在分析主电路时，应根据各电动机和执行电器的控制要求，分析其控制内容，如电动机的启动、调速等基本控制环节。

第三节　继电器、接触器控制线路装调

典型的电气控制线路包括：全压启动控制电路、正反转控制电路、降压启动控制电路、制动控制电路、两级电动机顺序启动控制和两级电动机顺序启停控制等。

一、基本控制电路

（一）单向全压启动控制

1. 工作原理

图 5-10 为电动机全压启动的控制电路，图中的 0 号线是与零线相接，还是与相线相接，是由接触器线圈的工作电压决定的；如果接触器工作电压是 220 V，则 0 号线接零线；如果接触器工作电压为 380 V，则 0 号线接另一相线；如果接触器工作电压为 110 V，则需要使用变压器。FU 起短路保护作用，FR 起过载保护作用。

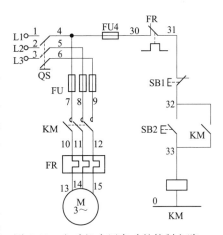

图 5-10　电动机全压启动的控制电路

启动时，合上 QS，按下 SB2，交流接触器 KM 线圈通电，接触器主触点闭合，电动机接通三相电源直接启动运转。同时与 SB2 并联的辅助常开触点 KM 闭合，使接触器线圈经此路保持通电的状态。

当 SB2 复位时，接触器 KM 的线圈仍可通过 KM 辅助常开触点继续通电，从而保持电动机的连续运行。这种依靠接触器自身辅助触点而使其线圈保持通电的现象称为自锁。点动与长动的区别就在于控制电动机的接触器线圈回路是否有自锁。

按下停止按钮 SB1,将控制电路断开。接触器 KM 线圈失电,主触点复位,将三相电源切断,电动机 M 停止旋转。当手松开按钮后,SB1 的常闭触头在复位弹簧的作用下,虽又恢复到原来的常闭状态,但接触器线圈已不再能依靠自锁触点通电了。

2. 保护环节

熔断器 FU 作为电路短路保护,但达不到过载保护的目的;热继电器 FR 具有过载保护作用。欠电压保护与失电压保护是依靠接触器本身的电磁机构来实现的。

3. 检查电路

下面我们学习如何用万用表检查电路(口诀:通则响、断为1,经过线圈为内阻,线圈并联则减半)。

首先检查元器件的好坏(热继电器是否复位、接触器触点是否损坏、按钮是否都是好的、熔断器是否损坏等),然后进行电路的检查,通常采用以下方法:

(1)整体检查法:挡位调到二极管挡

① 将万用表两表笔放在 L、N 端,万用表显示为1。

② 两表笔不动,按下 SB2,万用表显示为 400~500(线圈内阻)。

③ 按住 SB2,同时按下 SB1,万用表显示为1。

注意:此方法对 KM 线圈线路均有效,对 KT 线圈线路无效。整体检查法如果出现不正常现象,则进行下面(2)的方法来查错。

(2)分段检查法

分段检查法就是利用万用表二极管挡接通响,不通不响的原理,对线路进行测量。

例如,将万用表一表笔放在火线 L 端,另一表笔放在 QS 入线端,此时万用表应响,如不响,即检查线路是否有问题。

注意:检查时,万用表一表笔保持不动,另一表笔分段检查。

(二)三相异步电动机接触器互锁正反转控制

图 5-11 为接触器互锁控制电动机正反转控制电路。此电路利用两个接触器的常闭触点 KM1、KM2 起相互控制作用,即一个接触器通电时,利用其辅助常闭触点来断开对方线圈所在电路。

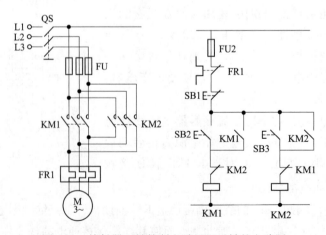

图 5-11 接触器互锁控制电动机正反转的电路图

当一个接触器得电时,通过其辅助常闭触点使另一个接触器不能得电,这种相互制约的作用称为互锁。实现互锁的辅助常闭触点称为互锁触点。互锁分为机械互锁和电气互锁,机械互锁是利用按钮的常闭触点来实现的,电气互锁是利用接触器的常闭触点来实现的。

1. 工作原理

正向启动过程:按下正向启动按钮 SB2,接触器 KM1 线圈得电,其辅助常闭触点先断开 KM2 线圈电路实现互锁;然后主触点闭合,电动机正向启动运行,同时辅助常开触点闭合实现自锁。

反向启动过程:按下反向启动按钮 SB3,接触器 KM2 线圈得电,其辅助常闭触点先断开 KM1 线圈电路实现互锁;然后主触点闭合,电动机反向启动运行,同时辅助常开触点闭合实现自锁。

停止过程:无论电动机正向运行还是反向运行,按下停止按钮 SB1,KM1 或 KM2 线圈失电,接触器主触点复位,电动机与三相电源断开,慢慢停止工作。

接触器联锁正反转控制电路安全可靠,但是操作不便,当电动机从正向变为反向时,由于接触器的互锁作用,必须先按下停止按钮,才能再按反转启动按钮。为了改善这一不足,可采用按钮接触器双重联锁的正反转控制电路,如图 5-12 所示。

2. 检查电路

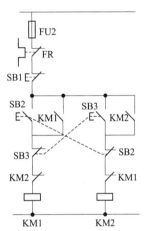

图 5-12　双重联锁控制电路

通电前检查:合上空气开关,判断整体线路是否有短路故障。将红、黑表笔分别接在三根火线中的任意两根,线路彼此间应该是断开的,万用表显示 1;找到控制回路火线,方法是将万用表一只表笔接热继电器 FR 的 95 端,另一表笔分别接触 3 根火线,万用表显示数为“0”的那一相便是控制回路所用的火线。

保持两表笔位置不动,按下启动按钮 SB2 或 SB3,万用表显示数值应为接触器线圈内阻。按住 SB2 别松,再按下 SB1,万用表显示数值应从线圈内阻变为 1。

保持两表笔位置不动,用手压下接触器 KM1,万用表显示接触器线圈内阻,同时再按下 SB3,万用表显示数值应为内阻的一半。

二、常用控制电路

（一）三相异步电动机丫—△减压启动控制

1. 工作原理

正常运行时定子绕组接成三角形,而且三相绕组六个抽头均引出的笼型异步电动机,常采用星形(丫)—三角形(△)降压启动方法来达到限制启动电流的目的。

启动时,定子绕组首先接成星形,待转速上升到接近额定转速时,将定子绕组的接线由星形改接成三角形,电动机便进入全电压正常运行状态。因功率在 4 kW 以上的三相笼型异步电动机一般均为三角形接法,故都可以采用丫—△启动方法。图 5-13 为丫—△降压启动常采用的控制电路。

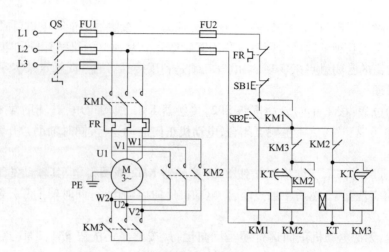

图 5-13 三相异步电动机丫—△降压启动控制电路

合上总开关 QS,按下启动按钮 SB2,KM1 通电吸合并自锁,KT、KM3 线圈通电吸合,电动机 M 定子绕组做星形联结进行降压启动。随着电动机转速的升高,启动电流下降,这时时间继电器 KT 延时时间到,其延时常闭点断开,因而 KM3 断电释放,KM2 通电吸合,电动机定子绕组三角形联结正常全压运行,KM3 失电导致 KT 也同时断电释放。工作过程如下。启动过程:

$$SB2^\pm \longrightarrow KM1^+（自锁）\longrightarrow KT^+、KM3^+ \longrightarrow 电动机星形联结减压启动$$

$$\xrightarrow{\text{延时时间到}} KM3^- \longrightarrow \genfrac{}{}{0pt}{}{KM2^+}{KT-} \longrightarrow 电动机三角形联结全压运行$$

停止过程:

$$SB1^+ \longrightarrow \genfrac{}{}{0pt}{}{KM1^-}{KM2^-} \longrightarrow 电动机断电停止工作$$

与其他降压启动相比,丫—△降压启动投资少、电路简单,操作方便,但启动转矩较小。这种方法适用于空载或轻载状态,因为机床多为轻载和空载启动,因而这种启动方法应用较普遍。

2. 检查电路

(1)合上断路器,判断整体电路是否有短路故障,如图 5-13 所示,将数字万用表拨至二极管挡或者将指针式万用表拨至欧姆挡("×1k"挡),并将红、黑表笔分别接在三根相线中的任意两根,两相间应该是断开的,万用表显示"1"为正常;如果万用表指示为"0",说明该两相存在短路故障,需要检查电路。

(2)找到控制电路相线。方法是将万用表一只表笔接热继电器 FR 常闭触点的输入端(95端),另一表笔分别接触电源三根相线,万用表示数为"0"时对应的那一相便是控制电路所用的相线。

(3)找到控制电路相线后,将万用表一只表笔接控制电路相线,另一表笔接零线,此时电路应该是断开的,万用表显示"1"为正常,到步骤(4)继续检查;如果万用表显示为"0",说明存在短路故障,需要检查电路,返回步骤(3)。

(4)保持两表笔位置不动,按下启动按钮 SB2,如果万用表显示数值等于接触器线圈内阻

（一般为 400 ~ 600 Ω），说明正常，如图 5-13 所示，到步骤（5）继续检查；如果万用表显示"1"，说明 KM3 线圈电路断路，如果万用表显示"0"，说明 KM3 线圈电路短路，需要检修电路，返回步骤（4）。

（5）按住 SB2 别松，再按下 SB1，万用表显示数值从线圈内阻变为"1"，如图 5-13 所示，说明 KM3 线圈电路基本没有问题，如果依然显示线圈内阻，说明 SB1 常闭触点接触不良或者接错线。

（二）三相交流笼型异步电动机反接制动控制

反接制动的关键在于电动机电源相序的改变，且当转速下降接近于零时，能自动将电源切除。为此采用了速度继电器来检测电动机的速度变化。在 120 ~ 3 000 r/min 范围内速度继电器触点动作，当转速低于 100 r/min 时，其触点恢复原位。

1. 使用速度继电器实现反接制动

图 5-14 为三相异步电动机反接制动控制电路。

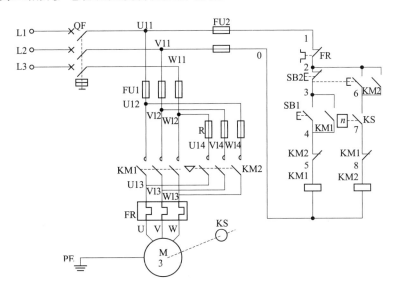

图 5-14 三相异步电动机反接制动控制电路

启动时，按下启动按钮 SB1，接触器 KM1 通电，其辅助常闭触点实现互锁，辅助常开触点实现自锁，主触点动作，电动机 M 得电启动。当电动机转速大于 120 r/min 时，速度继电器 KS 的常开触点闭合，为反接制动做好了准备。

停止时，按下停止按钮 SB2，SB2 常闭触点断开接触器 KM1 线圈电路，电动机脱离电源。但由于此时电动机的惯性转速还很高，KS 的常开触点依然处于闭合状态，所以 SB2 常开触点闭合时，反接制动接触器 KM2 线圈得电，辅助常闭触点实现互锁、辅助常开触点实现自锁，主触头闭合，使电动机定子绕组得到与正常运转相序相反的三相交流电源，电动机进入反接制动状态，转速迅速下降。当电动机转速小于 100 r/min 时，速度继电器 KS 常开触点复位，接触器 KM2 线圈电路被切断，反接制动结束。工作过程如下：

启动过程：

$$SB1^{\pm} \longrightarrow KM1^{+}（自锁）\longrightarrow 电动机全压启动 \xrightarrow{n \geqslant 120\ r/min} KS^{+}$$

制动过程:

$$SB2^{\pm} \longrightarrow \begin{array}{c} KM1^{-} \\ KM2^{+}（自锁） \end{array} \longrightarrow \begin{array}{c} 电动机反接制动 \\ n 下降 \end{array} \xrightarrow{n < 100 \ r/min} KS^{-} \longrightarrow KM2^{-} \longrightarrow 电动机停止$$

运行

2. 使用时间继电器实现反接制动

图 5-15 为时间继电器控制的三相异步电动机反接制动控制电路。按下启动按钮 SB2,接触器 KM1 线圈得电,电动机全压启动运行。若想停车时,按下停止按钮 SB1,SB1 常闭触点断开 KM1 线圈电路,接触器 KM1 所有触点复位,电动机定子绕组脱离三相交流电源。SB1 常开触点闭合使时间继电器 KT 线圈与 KM2 线圈同时通电并自锁,接触器 KM2 主触头闭合,使电动机定子绕组得到与正常运转相序相反的三相交流电源,电动机进入反接制动状态,转速迅速下降。当电动机转子的惯性速度接近于零时,时间继电器延时断开的常闭触头断开接触器 KM2 线圈电路,KM2 所有触点复位,时间继电器 KT 线圈的电源也被断开,反接制动结束。工作过程如下:

启动过程:

$$SB2^{\pm} \longrightarrow KM1^{+}（自锁） \longrightarrow 电动机全压启动$$

制动过程:

$$SB1^{\pm} \longrightarrow \begin{array}{c} KM1^{-} \\ KM2^{+}（自锁） \\ KT^{+} \end{array} \longrightarrow 电动机反接制动 \xrightarrow{延时时间到} KM2^{-} \longrightarrow KT^{-} \longrightarrow 电动机停止运行$$

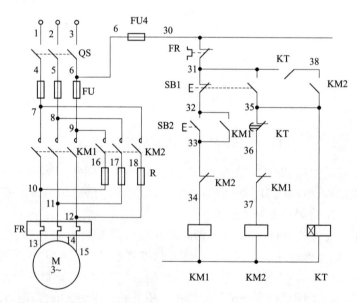

图 5-15　时间继电器控制的三相异步电动机反接制动控制电路

(三)三相交流笼型异步电动机能耗制动控制

三相交流笼型异步电动机的能耗制动控制,可以根据能耗制动时间控制原则用时间继电器进行控制,也可以根据能耗制动速度原则用速度继电器进行控制。图 5-16 为时间原则控制的单向能耗制动主电路,控制电路与相对应的反接制动控制电路相同。

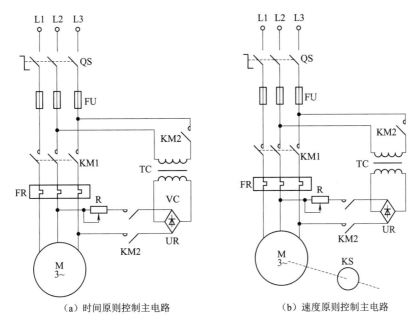

（a）时间原则控制主电路　　　　　（b）速度原则控制主电路

图 5-16　时间原则控制的单向能耗制动主电路

在电动机制动控制电路中,无论是哪种制动方法,最关键的问题在于,当转速下降接近于零时,能自动将电源切除。用时间继电器延时时间来控制的称为时间原则控制,用速度继电器常开触点的动作与复位来控制的称为速度原则控制。无论采用哪种制动控制电路,启动接触器和制动接触器都应该互锁。

（四）三相交流笼型异步电动机位置控制

在生产过程中,常遇到一些生产机械运动部件的行程或位置受到限制,或者需要其运动部件在一定范围内自动往返运转等情况。图 5-17 为三相交流笼型异步电动机位置控制电路。

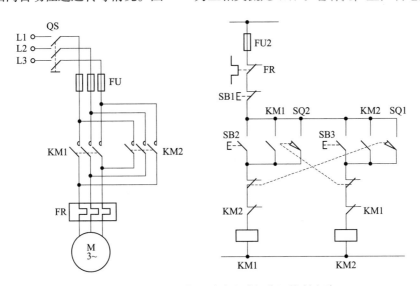

图 5-17　三相交流笼型异步电动机位置控制电路

在工作台的两边装有两个限位开关,限位开关 SQ1 放在左端需要反向的位置,SQ2 放在右端需要反向的位置,机械挡铁装在运动部件上。

工作过程如下:

启动过程:

$$SB2^{\pm} \longrightarrow KM1^{+}(自锁) \longrightarrow 电动机正向启动运行 \xrightarrow{\;SQ1^{+}\; \begin{array}{l}KM1^{-}\\KM2^{+}\end{array}\;} 电动机反向运行 \xrightarrow{\;SQ2^{+}\; \begin{array}{l}KM2^{-}\\KM1^{+}\end{array}\;}$$

$\longrightarrow$ 电动机正向运行,往复循环

停止过程:$SB1^{+} \longrightarrow \begin{array}{l}KM1^{-}\\KM2^{-}\end{array} \longrightarrow 电动机停止运行$

按正转按钮 SB2,KM1 通电吸合并自锁,电动机做正向旋转带动机床运动部件左移,当运动部件移至左端并碰到 SQ1 时,将 SQ1 压下,其常闭触点先断开,切断 KM1 接触器线圈电路;然后其常开触点闭合,接通反转接触器 KM2 线圈电路,电动机由正向旋转变为反向旋转。电动机再带动运动部件向右移动,直到压下 SQ2 限位开关,电动机由反转又变成正转,驱动运行部件进行往复循环运动。

由上述控制情况可以看出,运动部件每经过一个自动往复循环,电动机要进行两次反接制动过程,将出现较大的反接制动电流和机械冲击。因此,这种电路只适用于电动机容量较小、循环周期较长、电动机转轴具有足够刚性的拖动系统中。

(五)两台三相交流笼型异步电动机顺序控制

电动机 M1 和 M2 分别通过接触器 KM1 和 KM2 来控制,在 KM1 没有闭合的情况下,即使 KM2 主触点闭合,电动机 M2 也不会运行,所以只能在 KM1 闭合电动机 M1 启动运转后,电动机 M2 才有可能接通电源运转,保证了两台电动机的运行顺序。

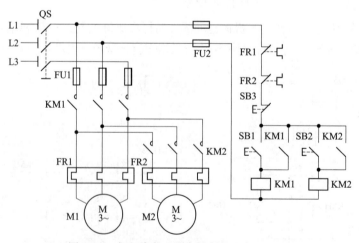

图 5-18　主电路实现顺序控制的电气原理图

三相异步电动机的顺序控制既可以在主电路中实现,也可以在控制电路中实现。

(六)三相绕线式异步电动机启动控制电路

1. 转子绕组串接电阻启动控制

图 5-19 为时间继电器控制的串电阻启动控制电路,其中 KT1 ~ KT3 为通电延时时间继电

器。转子回路三段启动电阻的短接是靠 KT1 ~ KT3 三个时间继电器和 KM1 ~ KM3 三个接触器的相互配合来完成的。

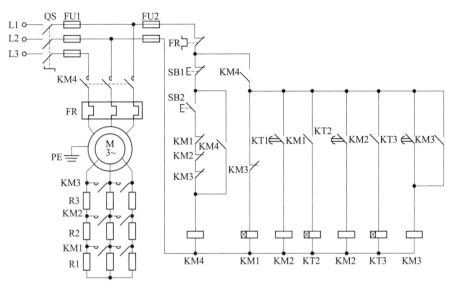

图 5-19　时间继电器控制的串电阻启动控制电路

该电路的工作原理如下:按下按钮 SB2 后,接触器 KM4 线圈通电并自锁,其主触头闭合,电动机接通电源;KM4 辅助常开触头闭合,使时间继电器 KT1 线圈通电,但其触头未动作,因此电动机转子串入全部电阻启动。经过整定时间延时后,KT1 的常开触头延时闭合,KM1 线圈通电,KM1 主触头闭合,电阻 R1 被短接;同时 KM1 的辅助常开触头闭合,使时间继电器 KT2 线圈通电,经过一段时间延时后,KT2 的常开触头闭合,KM2 线圈通电,KM2 主触头闭合,电阻 R2 被短接;同时 KM2 的辅助常开触头闭合,使时间继电器 KT3 线圈通电,经过一段时间延时后,KT3 的常开触头闭合,KM3 线圈通电并自锁,KM3 主触头闭合,电阻 R 被短接,KM3 辅助常闭触头断开,使 KT1、KM1、KT2、KM2 和 KT3 的线圈依次断电,至此所有电阻被短接,电动机启动结束,进入正常运行。

2. 转子串接频敏变阻器启动控制

采用转子绕组串电阻的启动方法,使用电器较多、控制电路复杂、启动电阻体积较大,特别是在启动过程中,启动电阻的逐段切除,使启动电流和启动转矩瞬间增大,导致机械冲击。为了改善电动机的启动性能,获取较理想的机械特性,简化控制电路及提高工作可靠性,绕线转子异步电动机可以采取转子绕组串接频敏变阻器的方法来启动。

频敏变阻器是一种静止的、无触头的电磁元器件,其电阻值随着频率的变化而变化。它由几块 30 ~ 50 mm 厚的铸铁板或钢板叠成的三柱式铁芯组成,在铁芯上分别装有三个线圈,三个线圈连接成星状,相当于三相电抗器,与电动机转子绕组相接。

图 5-20 为单向运行电动机串接频敏变阻器启动控制电路,其工作原理是:按下按钮 SB2,时间继电器 KT 线圈通电,KT 瞬时触头闭合,接触器 KM1 线圈通电,KM1 辅助常开触头闭合,使 KT、KM1 线圈持续通电,KM1 主触头闭合,电动机定子绕组通电源,转子接入频敏变阻器启动。随着电动机的转速平稳上升,频敏变阻器的阻抗逐渐自动下降,当转速上升到接近稳定转

速时,时间继电器的延时时间已到,触头动作,接触器 KM2 线圈通电并自锁,KM2 主触头闭合,将频敏变阻器短接,电动机进入正常运行。

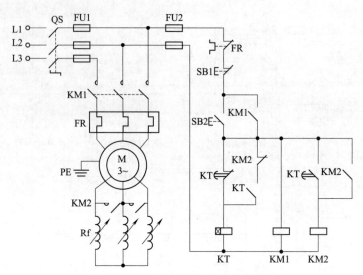

图 5-20　单向运行电动机串接频敏变阻器启动控制电路

理论试题精选 8

一、选择题(下列题中括号内,只有 1 个答案是正确的,将正确的代号填入其中)

1. 短路电流很大的电气线路中宜选用(　　)断路器;控制和保护含半导体器件的直流电路中宜选用(　　)断路器;一般电气控制系统中宜选用(　　)断路器。

A. 塑壳式　　　　　B. 限流型　　　　　C. 框架式　　　　　D. 直流快速

2. 断路器中过电流脱扣器的额定电流应该大于或等于线路的(　　)。

A. 最大允许电流　　B. 最大过载电流　　C. 最大负载电流　　D. 最大短路电流

3. 熔断器的额定分断能力必须大于电路中可能出现的最大(　　)。

A. 短路电流　　　　B. 启动电流　　　　C. 工作电流　　　　D. 过载电流

4. 对于电阻性负载,熔断器熔体的额定电流(　　)线路的工作电流。

A. 远大于　　　　　B. 不等于　　　　　C. 等于或略大于　　D. 等于或略小于

5. 对于电动机负载,熔断器熔体的额定电流应选电动机额定电流的(　　)倍。

A. 1 ~ 1.5　　　　B. 1.5 ~ 2.5　　　　C. 2.0 ~ 3.0　　　　D. 2.5 ~ 3.5

6. 熔断器的额定电压应(　　)线路的工作电电压。

A. 远大于　　　　　B. 不等于　　　　　C. 小于或等于　　　D. 大于或等于

7. 对于(　　)工作制的异步电动机,热继电器不能实现可靠的过载保护。

A. 轻载　　　　　　B. 半载　　　　　　C. 重复短时　　　　D. 连续

8. 对于△接法的异步电动机应选用(　　)结构的热继电器;对于丫接法的异步电动机应选用(　　)结构的热继电器。

A. 四相　　　　　　B. 三相　　　　　　C. 两相　　　　　　D. 单相

9. 三相刀开关的图形符号与交流接触器的主触点符号是(　　)。

A. 一样的　　　　　　B. 可以互换的　　　　　C. 有区别的　　　　　D. 没有区别的

10. 热继电器的作用是(　　);熔断器的作用是(　　)。

A. 短路保护　　　　　B. 过载保护　　　　　C. 失压保护　　　　　D. 零压保护

11. 三相刀开关的作用是接通和断开(　　)。

A. 大电流　　　　　　B. 负载　　　　　　　C. 电压或小电流　　　D. 三相电动机

12. 交流接触器的作用是可以(　　)接通和断开负载。

A. 频繁地　　　　　　B. 偶尔　　　　　　　C. 手动　　　　　　　D. 不需

13. 接触器的额定电压应不小于主电路的(　　)。

A. 短路电压　　　　　B. 工作电压　　　　　C. 最大电压　　　　　D. 峰值电压

14. 接触器的额定电流应不小于被控电路的(　　)。

A. 额定电流　　　　　B. 负载电流　　　　　C. 最大电流　　　　　D. 峰值电流

15. 直流接触器一般用于控制(　　)的负载;交流接触器一般用于控制(　　)的负载。

A. 弱电　　　　　　　B. 无线电　　　　　　C. 直流电　　　　　　D. 交流电

16. 行程开关根据安装环境选择防护方式,如开启式或(　　)。

A. 防火式　　　　　　B. 塑壳式　　　　　　C. 防护式　　　　　　D. 铁壳式

17. 根据机械与行程开关传力和位移关系选择合适的(　　)。

A. 电流类型　　　　　B. 电压等级　　　　　C. 接线型式　　　　　D. 头部型式

18. 工厂车间的行车需要位置控制,行车两头的终点处各安装一个位置开关,两个位置开关要分别(　　)在电动机的正转和反转控制电路中。

A. 短接　　　　　　　B. 混联　　　　　　　C. 并联　　　　　　　D. 串联

19. 三相异步电动机的位置控制电路中,除了用行程开关外,还可用(　　)。

A. 断路器　　　　　　B. 速度继电器　　　　C. 热继电器　　　　　D. 光电传感器

20. 位置控制就是利用生产机械运动部件上的挡铁与(　　)碰撞来控制电动机的工作状态。

A. 断路器　　　　　　B. 位置开关　　　　　C. 按钮　　　　　　　D. 接触器

21. 对于环境温度变化大的场合,不宜选用(　　)时间继电器。

A. 晶体管式　　　　　B. 电动式　　　　　　C. 液压式　　　　　　D. 手动式

22. 下列器件中,不能用作三相异步电动机位置控制的是(　　)。

A. 磁性开关　　　　　B. 行程开关　　　　　C. 倒顺开关　　　　　D. 光电传感器

23. 对于工作环境恶劣、启动频繁的异步电动机,所用热继电器热元件的额定电流可选为电动机的额定电流的(　　)倍;对于一般工作条件下的异步电动机,所用热继电器热元件的额定电流可选为电动机的额定电流的(　　)倍。

A. 0.95～1.05　　　　B. 0.85～0.95　　　　C. 1.05～1.15　　　　D. 1.15～1.5

24. 控制两台电动机错时停止的场合,可采用(　　)时间继电器;控制两台电动机错时启动的场合,可采用(　　)时间继电器。

A. 通电延时器　　　　B. 断电延时器　　　　C. 气动型　　　　　　D. 液压型

25.中间继电器选用依据是控制电路的(　　)、电流类型、所需触点的数量和容量等。

　　A.短路电流　　　　　B.电压等级　　　　　C.阻抗大小　　　　　D.绝缘等级

26.中间继电器一般用于(　　)中。

　　A.网络电路　　　　　B.无线电路　　　　　C.主电路　　　　　D.控制电路

27.压力继电器选用时首先要考虑所测对象的压力范围,还要符合电路中的额定电压、(　　)、所测管路接口管径的大小。

　　A.触点的功率因数　　B.触点的电阻率　　　C.触点的绝缘等级　　D.触点的电流容量

28.电气控制线路中的停止按钮应选用(　　)颜色;电气控制线路中的启动按钮应选用(　　)颜色。

　　A.绿　　　　　　　　B.红　　　　　　　　C.蓝　　　　　　　　D.黑

29.用于指示电动机正处在旋转状态的指示灯颜色应选用(　　);用于指示电动机正处在停止状态的指示灯颜色应选用(　　)。

　　A.紫色　　　　　　　B.蓝色　　　　　　　C.红色　　　　　　　D.绿色

30.下列属于位置控制线路的是(　　)。

　　A.走廊照明灯的两处控制电路　　　　　　B.电风扇摇头电路

　　C.电梯的开关门电路　　　　　　　　　　D.电梯的高低速转换电路

31.下列不属于位置控制线路的是(　　)。

　　A.走廊照明灯的两处控制电路　　　　　　B.龙门刨床的自动往返控制电路

　　C.电梯的开关门电路　　　　　　　　　　D.工厂车间里行车的终点保护电路

32.以下属于多台电动机顺序控制的线路是(　　)。

　　A.一台电动机正转时不能立即反转的控制线路

　　B.丫—△启动控制线路

　　C.电梯先上升后下降的控制线路

　　D.电动机2可以单独停止,电动机1停止时电动机2也停止的控制线路

33.多台电动机的顺序控制线路(　　)。

　　A.既包括顺序启动,又包括顺序停止　　　B.不包括顺序停止

　　C.不包括顺序启动　　　　　　　　　　　D.通过自锁环节来实现

34.接触器KM2常开触点并联到停止按钮SB1两端的控制电路能够实现(　　)。

　　A.KM2控制的电动机M2与KM1控制的电动机M1一定同时启动

　　B.KM2控制的电动机M2与KM1控制的电动机M1一定同时停止

　　C.KM2控制的电动机M2停止后,按下SB1才能控制对应的电动机M1停止

　　D.KM2控制的电动机M2启动后,按下SB1才能控制对应的电动机M1停止

35.将接触器KM1的常开触点串联到接触器KM2线圈电路中的控制电路能够实现(　　)。

　　A.KM1控制的电动机先停止,KM2控制的电动机后停止的控制功能

　　B.KM2控制的电动机停止时,KM1控制的电动机也停止的控制功能

　　C.KM2控制的电动机先启动,KM1控制的电动机后启动的控制功能

　　D.KM1控制的电动机先启动,KM2控制的电动机后启动的控制功能

36. 多台电动机的顺序控制线路(　　)。

A. 只能通过主电路实现

B. 既可以通过主电路实现,又可以通过控制电路实现

C. 只能通过控制电路实现

D. 必须要主电路和控制电路同时具备该功能才能实现

37. 设计多台电动机顺序控制线路的目的是保证(　　)和工作的安全可靠。

A. 节约电能的要求　　　　　　　　　　B. 操作过程的合理性

C. 降低噪声的要求　　　　　　　　　　D. 减小振动的要求

38. 三相异步电动机启停控制线路由电源开关、(　　)、交流接触器、热继电器、按钮等组成。

A. 时间继电器　　　　B. 速度继电器　　　　C. 熔断器　　　　　　D. 电磁阀

39. 选用 LED 指示灯的优点之一是(　　)。

A. 寿命长、用电省　　B. 发光强　　　　　　C. 价格低　　　　　　D. 颜色多

40. 行程开关的文字符号是(　　);刀开关的文字符号是(　　);交流接触器的文字符号是(　　)。

A. QS　　　　　　　　B. SQ　　　　　　　　C. SA　　　　　　　　D. KM

41. 机床的局部照明灯应选择(　　)V 及以下的低压安全灯。

A. 380　　　　　　　　B. 220　　　　　　　　C. 36　　　　　　　　D. 6

42. 在电气互锁正反转线路中,互锁是依靠(　　)实现的;在机械互锁正反转线路中,互锁是依靠(　　)实现的。

A. 按钮的常闭触点　　　　　　　　　　B. 按钮的常开触点

C. 接触器的常闭触点　　　　　　　　　D. 接触器的常开触点

二、判断题(将判断结果填在括号中,正确的填√,错误的填×)

(　　)1. 技术人员以电气原理图、安装接线图和平面布置图最为重要。

(　　)2. 安装接线图只表示电气元件的安装位置、实际配线方式等,而不明确表示电路的原理和电气元件的控制关系。

(　　)3. 电气测绘最后绘出的是安装接线图。

(　　)4. 由于测绘判断的需要,一定要由测绘人员亲自操作。

(　　)5. 多台电动机的顺序控制功能既可在主电路中实现,也能在控制电路中实现。

(　　)6. 时间继电器的选用主要考虑三方面,分别是:类型、延时方式和线圈电压。

(　　)7. 熔断器用于三相异步电动机的过载保护。

(　　)8. 读图的基本步骤有:看图样说明、看主电路、看安装接线图。

(　　)9. 电气控制线路中指示灯的颜色与对应功能的按钮颜色一般是相同的。

(　　)10. 电气控制线路中指示灯要根据所指示的功能不同而选用不同的颜色。

(　　)11. 按钮和行程开关都是主令电器,因此两者可以互换。

(　　)12. 交流接触器与直流接触器可以互相替换。

(　　)13. 中间继电器可在电流 20 A 以下的电路中替代接触器。

(　　)14. 一台电动机停止后另一台电动机才能停止的控制方式不是顺序控制。

(　　)15. 短路电流很大的场合宜选用直流快速断路器。

（　　）16. △接法的异步电动机可选用两相结构的热继电器。

（　　）17. Y接法的异步电动机可选用两相结构的热继电器。

（　　）18. 低压电器的符号由图形符号和文字符号两部分组成。

（　　）19. 低压断路器具有短路和过载的保护作用。

（　　）20. 交流接触器与直流接触器的使用场合不同。

（　　）21. 多台电动机的顺序控制功能无法在主电路中实现。

（　　）22. 通电延时型与断电延时型时间继电器的基本功能一样,可以互换。

（　　）23. 三相异步电动机的位置控制电路中一定有速度继电器。

（　　）24. 低压电器的符号在不同的省市有不同的标准。

（　　）25. 控制按钮应根据使用场合环境条件的好坏分别选用开启式、防水式、防腐式等。

（　　）26. 三相异步电动机的位置控制电路是由位置开关控制启动的。

（　　）27. 熔断器类型的选择依据是负载的保护特性、短路电流的大小、使用场合、安装条件和各类熔断器的适用范围。

（　　）28. 低压断路器类型的选择依据是使用场合和保护要求。

（　　）29. 压力继电器是液压系统中当流体压力达到预定值时,使电气触点动作的元件。

（　　）30. 中间继电器选用时主要考虑触点的对数、触点的额定电压和电流、线圈的额定电压等。

（　　）31. 在拆装、检修低压断路器和交流接触器时,应备有盛放零件的容器,防止丢失零件。

（　　）32. 按钮可以直接控制主电路的接通或断开。

（　　）33. 电磁脱扣器的瞬时脱扣整定电流应大于负载正常工作时可能出现的峰值电流。

第四节　机床电气控制电路

一、M7130平面磨床

磨床是用砂轮的周边或端面对工件的表面进行机械加工的一种精密机床。大多数的磨床使用高速旋转的砂轮进行磨削加工。根据用途不同可分为平面磨床、内圆磨床、外圆磨床及一些像螺纹磨床、球面磨床、齿轮磨床、导轨磨床等的专用机床。下面以平台磨床为例来介绍。

（一）M7130平面磨床的结构和控制要求

1. 主要结构

M7130平面磨床主要由床身、工作台、电磁吸盘、砂轮架(又称磨头)、滑座和立柱等部分组成。主运动是砂轮的快速旋转,辅助运动是工作台的纵向往复运动以及砂轮架的横向和垂直进给运动。工作台每完成一次纵向往复运动,砂轮架横向进给一次,从而能连续地加工整个平面。当整个平面磨完一遍后,砂轮架在垂直于工件表面的方向移动一次,称为吃刀运动。

2. 控制要求

M7130 型卧轴矩台平面磨床采用多台电动机拖动,其电力拖动和电气控制、保护的要求是:砂轮由一台笼型异步电动机拖动,因为砂轮的转速一般不需要调节,所以对砂轮电动机没有电气调速的要求,也不需要反转,可直接启动。

平面磨床的纵向和横向进给运动一般采用液压传动,所以需要由一台液压泵电动机驱动液压泵,对液压泵电动机没有电气调速、反转和降压启动要求,需要一台冷却泵电动机提供冷却液。冷却泵电动机与砂轮电动机具有联锁关系,即要求砂轮电动机启动后才能开动冷却泵电动机。

为适应磨削小工件的要求,也为使工件在磨削过程中受热能自由伸缩,平面磨床往往采用电磁吸盘来吸持工件。电磁吸盘要有退磁电路,同时,为防止在磨削加工时因电磁吸盘吸力不足而造成工件飞出,还要求有弱磁保护环节。无论电磁吸盘工作与否,都可开动各电动机。平面磨床具有各种常规的电气保护环节(如短路保护、过载保护);具有安全的局部照明装置。

(二)M7130 平面磨床电路分析

1. 主电路分析

M7130 平面磨床有三台电动机:砂轮电动机 M1;冷却泵电动机 M2;液压泵电动机 M3。三相交流电源经电源开关 QS 引入,由 FU1 作全电路的短路保护。砂轮电动机 M1 和液压泵电动机 M3 分别由接触器 KM1、KM2 控制,并分别由热继电器 FR1(KH1)、KH2 作过载保护。由于磨床的冷却泵箱是与床身分开安装的,所以冷却泵电动机 M2 由插头插座 X1 接通电源,在需要提供冷却液时才插上。M2 受 M1 启动和停转的控制。三台电动机均直接启动,单向旋转。

2. 控制电路分析

控制电路采用 380 V 电源,由 FU2 作短路保护。SB1、SB2 和 SB3、SB4 分别为 M1 和 M3 的启动、停止按钮,通过 KM1、KM2 控制 M1 和 M3 的启动、停止。但是电动机的启动必须满足 YH 处于工作状态即 KA 线圈得电或 SA1(3-4)闭合状态即"去磁"位置。

3. 电磁吸盘控制电路

电磁吸盘结构与工作原理如图 5-21 所示,其线圈通电后产生电磁吸力,以吸持铁磁性材料的工件进行磨削加工。与机械夹具相比较,电磁吸盘具有操作简便、不损伤工件的优点,特别适合于同时加工多个小工件。采用电磁吸盘的另一优点是工件在磨削时发热能够自由伸缩,不至于变形。但是电磁吸盘不能吸持非铁磁性材料的工件,而且其线圈还必须使用直流电。

电磁吸盘由整流装置、控制装置及保护装置等部分组成。整流装置由整流变压器 T2 与桥式全波整流器 VD 组成,输出 110 V 直流电压对电磁吸盘供电。电磁吸盘集中由转换开关 SA1 控制,SA1 有 3 个位置:充磁、断电与去磁。

注意:图中 SA1 可以写成 QS2,KA 可以写成 KUC。

当 SA1 置于"充磁"位置时,触点(14-16)与触点(15-17)接通,电磁吸盘 YH 获得 110 V 直流电压,其极性 19 号线为正,16 号线为负,同时欠电流继电器 KA 的常见触点(3-4)闭合,反映电磁吸盘吸力足以将工件吸牢,这时可分别操作按钮 SB1 与 SB3,启动 M1 与 M3 进行磨削加工。加工完成后,按下停止按钮 SB2 与 SB4,M1 与 M3 停止旋转。为便于从吸盘上取下工件,需对工件进行去磁,其方法是将 SA1 扳至"退磁"位置。

SA1 扳至"退磁"位置时,触点(14-18)、(16-15)及(3-4)接通,电磁吸盘通入反方向电流,并在电路中串入可变电阻 R2,用以限制并调节反向去磁电流的大小,达到既退磁又不致反向磁化的目的。退磁结束将 SA1 扳到"断电"位置,便可取下工件。若工件对去磁要求严格,在取下工件后,还要用交流去磁器进行处理。交流去磁器是平面磨床的一个附件,使用时将交流去磁器插头插在床身的插座 X2 上,再将工件放在去磁器上即可去磁。开关置于"断电"位置时,SA1 所有触点都断开。电磁吸盘具有欠电流、过电压及短路保护等保护环节。

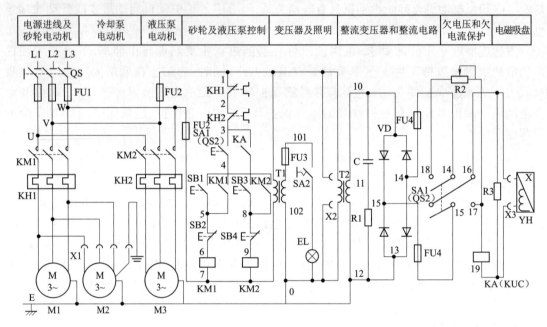

图 5-21　M7130 平面磨床电磁吸盘结构与工作原理图

4. 照明电路

照明变压器 T1 将 380 V 交流电压降至 36 V 安全电压,并由 SA2 控制照明灯 EL,EL 的一端接地,由 FU3 提供照明电路的短路保护。

(三)M7130 平面磨床故障分析与排除

1.3 台电动机都不能启动

原因是:KA(KUC)的常开触头和转换开关 SA1(QS2)的触头(3-4)接触不良、接线松脱或有油垢使电动机的控制电路处于断电状态。如都正常,可以检查热继电器的常闭触头是否动作或接触不良。

2. 电磁吸盘没有吸力

如果电磁吸盘没有吸力,首先应检查电源,从整流变压器 T2 的一次侧到二次侧,再检查到整流器输出的直流电压是否正常,检查熔断器 FU1、FU2、FU4;检查 SA1 的触点;插头插座 X3 是否接触良好;检查欠电流继电器 KA 的线圈有无断路;检查电磁吸盘线圈 YH 两端有无 110 V 直流电压,如果电压正常,电磁吸盘仍无吸力,则需要检查 YH 有无断线。

3. 电磁吸盘吸力不足

如果电磁吸盘吸力不足,多半是工作电压低于额定值,如桥式整流电路的某一桥臂出现故障,使全波整流变成半波整流,VC 输出的直流电压下降了一半;也可能是 YH 线圈局部短路,使空载时 VC 输出电压正常,而接上 YH 后电压低于正常值 110 V。

4. 砂轮电动机的热继电器 FR1 经常脱扣

砂轮进刀量太大,电动机超负荷运行,造成电动机堵转,电流急剧上升,热继电器脱扣。因此,工作中应选择合适的进刀量,防止电动机超载运行。除以上原因外,更换后的热继电器规格选得太小或没有调整好整定电流,使电动机未达到额定负载时,热继电器就已脱扣。因此,应注意热继电器必须按其被保护电动机的额定电流进行选择和调整。

二、C6140 车床

车床是主要用车刀对旋转的工件进行车削加工的机床。在车床上还可用钻头、扩孔钻、铰刀、丝锥、板牙和滚花工具等进行相应的加工,所以应用也最广泛。

（一）C6140 型卧式车床的主要结构

C6140 型卧式车床属小型普通车床,加工工件回转直径最大可达 400 mm,其结构主要由床身、主轴箱、进给箱、溜板箱、刀架、丝杆、光杆和尾座等部分组成。

车削加工时,主运动是轴卡盘带动工件的旋转运动,进给运动是溜板刀架或尾架顶针带动刀具的直线运动,辅助运动是刀架的快速移动及工件的夹紧和放松。

主轴一般只要求单方向旋转,只有在车螺纹时才需要用反转来退刀。C6140 型卧式车床变换操作手柄的位置及摩擦离合器来改变主轴的旋转方向,通过变换主轴箱外的手柄位置来改变主轴的变速。

C6140 型普通车床由三台三相笼型异步电动机拖动,即主电动机 M1、冷却电动机 M2 和刀架快速移动电动机 M3。主运动和进给运动由同一台电动机带动并通过各自的变速箱调节主轴转速或进给速度,其电气原理如图 5-22 所示。

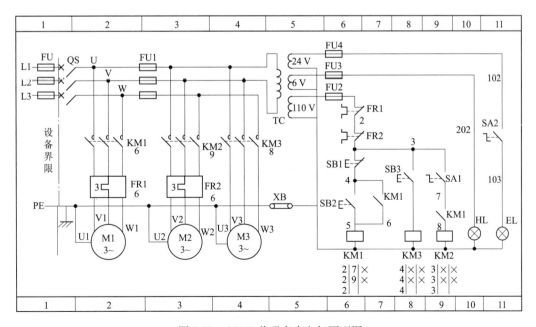

图 5-22　C6140 普通车床电气原理图

(二)C6140 型普通车床电路分析

1. 主电路分析

电源:整机电源由断路器 QF 控制。

(1)主电动机 M1,用以完成主运动和进给运动。直接启动连续运行方式,以机械方法实现反转及调速,对电动机无电气调速要求。M1 由接触器 KM1 主触点控制,直接启动、连续工作,热继电器 FR1 作过载保护。

(2)冷却泵电动机 M2,用以车削加工时提供冷却液,以避免刀具和工件温度过高。要求主轴电动机启动后冷却泵电动机才能启动,且与主轴电动机同时停止。采用直接启动、单向运行、连续工作的控制方式。M2 由接触器 KM2 主触点控制,直接启动、连续工作,热继电器 FR2 作过载保护。

(3)快速移动电动机 M3。M3 由 KM3 的主触点控制,为单向点动、短时工作方式,因此无须热继电器 FR 保护。

2. 控制电路分析

电源:由控制变压器供电,控制电源电压为控制电路 110 V、照明电路为 24 V 安全电压由 SA2 控制,而电源指示灯电路为 6 V,由 QS 控制。主电动机由 SB2 控制启动,SB1 控制停止;主电动机工作后冷却泵电动机才能工作,SA1 控制启停;快速移动电动机由 SB3 点动控制。

三、Z37 型摇臂钻床

(一)Z37 型摇臂钻床的主要结构及运动形式

钻床指主要用钻头在工件上加工孔的机床。Z37 型摇臂钻床主要由底座、内立柱、外立柱、摇臂、主轴箱、工作台等部分组成。内立柱固定在底座上,在它外面套着空心的外立柱,外立柱可绕着不动的内立柱回转 360°。摇臂一端的套筒部分与外立柱滑动配合,借助于丝杠,摇臂可沿着外立柱上下移动,但两者不能做相对转动,因此摇臂与外立柱一起相对内立柱回转。主轴箱是一个复合的部件,它包括主轴及主轴旋转和进给运动(轴向前进移动)的全部传动变速和操作机构。

主轴箱安装于摇臂的水平导轨上,可通过手轮操作使它沿着摇臂上的水平导轨做径向移动。当需要钻削加工时,可利用夹紧机构将主轴箱紧固在摇臂导轨上,摇臂紧固在外立柱上,外立柱紧固在内立柱上,以保证加工时主轴不会移动,刀具也不会振动。

摇臂钻床的主运动是主轴带动钻头的旋转运动;进给运动是钻头的上下运动;辅助运动是指主轴箱沿摇臂水平移动、摇臂沿外立柱上下移动,以及摇臂连同外立柱一起相对于内立柱的回转运动。

(二)Z37 型摇臂钻床电路分析

1. 主电路分析

Z37 摇臂钻床共有四台三相异步电动机,如图 5-23 所示。其中主轴电动机 M2 由接触器 KM1 控制,热继电器 FR 型作过载保护,主轴的正、反向控制是由双向片式摩擦离合器来实现的。摇臂升降电动机 M3 由接触器 KM2、KM3 控制,FU2 作短路保护。立柱松紧电动机 M4 由接触器 KM4 和 KM5 控制,FU3 作短路保护。冷却泵电动机 M1 是由组合开关 QS2 控制的,FU1 作短路保护。摇臂上的电气设备电源,是通过转换开关 QS1 及汇流环 YG 引入。

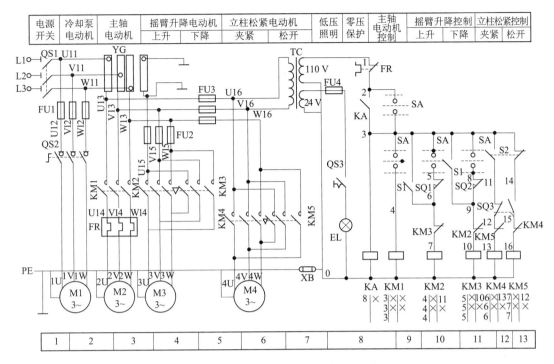

图 5-23　Z37 摇臂钻床的电气原理图

2. 控制电路分析

合上电源开关 QS1,控制电路的电源由控制变压器 TC 提供 110 V 电压。Z37 型摇臂钻床控制电路采用十字开关 SA 操作,它有集中控制和操作方便等优点。十字开关由十字手柄和四个微动开关组成。根据工作需要,可将操作手柄分别扳在孔槽内五个不同位置上,即左、右、上、下和中间位置。手柄处在各个工作位置时的工作情况见表 5-1。为防止突然停电又恢复供电而造成的危险,电路设有零压保护环节。零压保护是由中间继电器 KA 和十字开关 SA 来实现的。照明电路的电源也是由变压器 TC 将 380 V 的交流电压降为 24 V 安全电压来提供。照明灯 EL 由开关 QS3 控制,由熔断器 FU4 作短路保护。

表 5-1　十字开关 SA 操作说明

手柄位置	接通微动开关的触头	工作情况
中	均不通	控制电路断电不工作
左	SA(2-3)	KA 得电自锁,零压保护
右	SA(3-4)	KM1 获电,主轴旋转
上	SA(3-5)	KM2 获电,摇臂上升
下	SA(3-8)	KM3 获电,摇臂下降

(三)常见电气故障分析与检修

1. 主轴电动机 M2 不能启动

首先检查电源开关 QS1、汇流环 YG 是否正常。其次,检查十字开关 SA 的触头、接触器 KM1 和中间继电器 KA 的触头接触是否良好。若中间继电器 KA 的自锁触头接触不良,则将十字开关 SA 扳到左边位置时,中间继电器 KA 吸合,然后再扳到右边位置时,KA 线圈将断电释放；若十字开关 SA 的触头(3-4)接触不良，当将十字开关 SA 手柄扳到左面位置时，中间继电器 KA 吸合，然后再扳到右面位置时，继电器 KA 仍吸合，但接触器 KM1 不动作；若十字开关 SA 触头接触良好，而接触器 KM1 的主触头接触不良时，当扳动十字开关手柄后，接触器 KM1 线圈获电吸合，但主轴电动机 M2 仍然不能启动。此外，连接各电器元件的导线开路或脱落，也会使主轴电动机 M2 不能启动。

2. 主轴电动机 M2 不能停止

当把十字开关 SA 的手柄扳到中间位置时，主轴电动机 M2 仍不能停止运转，其故障原因是接触器 KM1 主触头熔焊或十字开关 SA 的右边位置开关失控。出现这种情况，应立即切断电源开关 QS1，电动机才能停转。若触头熔焊需更换同规格的触头或接触器时，必须先查明触头熔焊的原因并排除故障后进行；若十字开关 SA 的触头(3-4)失控，应重新调整或更换开关，同时查明失控原因。

3. 摇臂升降、松紧线路的故障

Z37 型摇臂钻床的升降和松紧装置由电气和机械机构相互配合，实现放松—上升(下降)—夹紧的半自动工作顺序控制。维修时，不但要检查电气部分是否正常，还必须检查机械部分是否正常。

4. 主轴箱和立柱的松紧故障

由于主轴箱和立柱的夹紧与放松是通过电动机 M4 配合液压装置来完成的，所以若电动机 M4 不能启动或不能停止时，应检查接触器 KM4 和 KM5、位置开关 SQ3 和组合开关 S2 的接线是否可靠，有无接触不良或脱落等现象；触头接触是否良好，有无移位或熔焊现象。同时还要配合机械液压协调处理。

理论试题精选 9

一、选择题(下列题中括号内，只有 1 个答案是正确的，将正确的代号填入其中)

1. M7130 平面磨床的主电路中有三台电动机，使用了(　　)个热继电器，有(　　)个接触器。

A. 3　　　　　　B. 4　　　　　　C. 1　　　　　　D. 2

2. M7130 平面磨床的主电路中有(　　)组熔断器。

A. 三　　　　　　B. 两　　　　　　C. 一　　　　　　D. 四

3. M7130 平面磨床中，砂轮电动机和液压泵电动机都采用了接触器(　　)控制电路。

A. 自锁反转　　　B. 自锁正转　　　C. 互锁正转　　　D. 互锁反转

4. M7130 平面磨床控制电路的控制信号主要来自(　　)。

A. 工控机　　　　B. 变频器　　　　C. 按钮　　　　　D. 触摸屏

5. M7130 平面磨床中，冷却泵电动机 M2 必须在(　　)运行后才能启动。

A. 照明变压器　　　　　　　　　　B. 伺服驱动器
C. 液压泵电动机 M3　　　　　　　　D. 砂轮电动机 M1

6. M7130 平面磨床中，三台电动机启动的必要条件是(　　)或欠电流继电器 KUC 的常开触点闭合。

A. 照明灯开关 SA　　B. 接插器 X2　　C. 接插器 X1　　D. 转换开关 QS2

7. M7130 磨床控制电路中的两个热继电器常闭触点的连接方法是( )。

A. 并联 　　　　　　 B. 串联 　　　　　　 C. 混联 　　　　　　 D. 独立

8. M7130 平面磨床中三台电动机都不能启动,电源开关 QS1 和各熔断器正常,转换开关 QS2 和欠电流继电器 KUC 也正常,则需要检查修复( )。

A. 照明变压器 T2 　 B. 热继电器 　　 C. 接插器 X1 　　 D. 接插器 X2

9. M7130 平面磨床中电磁吸盘吸力不足的原因之一是( )。

A. 电磁吸盘的线圈内有匝间短路 　　　　 B. 电磁吸盘的线圈内有开路点

C. 整流变压器开路 　　　　　　　　　　 D. 整流变压器短路

10. M7130 平面磨床中,电磁吸盘退磁不好使工件取下困难,但退磁电路正常,退磁电压也正常,则需要检查和调整( )。

A. 退磁功率 　　　 B. 退磁频率 　　　 C. 退磁电流 　　　 D. 退磁时间

11. M7130 平面磨床中砂轮电动机的热继电器动作的原因之一是( )。

A. 电源熔断器 FU1 烧断两个 　　　　　 B. 砂轮进给量过大

C. 液压泵电动机过载 　　　　　　　　　 D. 接插器 X2 接触不良

12. M7130 平面磨床控制线路中导线截面最细的是( );导线截面最粗的是( )。

A. 连接砂轮电动机 M1 的导线 　　　　　 B. 连接电源开关 QS1 的导线

C. 连接电磁吸盘 YH 的导线 　　　　　　 D. 连接冷却泵电动机 M2 的导线

13. M7130 平面磨床控制线路中整流变压器安装在配电板的( );M7130 平面磨床控制线路中两个大功率电阻安装在热继电器的( )。

A. 上方 　　　　　　 B. 下方 　　　　　　 C. 左方 　　　　　　 D. 右方

14. M7130 平面磨床中,( )工作后砂轮和工作台才能进行磨削加工。

A. 电磁吸盘 YH 　 B. 热继电器 　　 C. 速度继电器 　　 D. 照明变压器

15. M7130 平面磨床控制电路中串接着转换开关 QS2 的常开触点和( )。三台电动机启动的必要条件是转换开关 QS2 或( )闭合。

A. 欠电流继电器 KUC 的常开触点 　　　 B. 欠电流继电器 KUC 的常闭触点

C. 过电流继电器 KUC 的常开触点 　　　 D. 过电流继电器 KUC 的常闭触点

16. M7130 平面磨床的三台电动机都不能启动的原因之一是( )。

A. 接触器 KM1 损坏 　　　　　　　　　 B. 接触器 KM2 损坏

C. 欠电流继电器 KUC 的触点接触不良 　 D. 接插器 X1 损坏

17. M7130 平面磨床的控制电路由( )V 电压供电。

A. 直流 110 　　　 B. 直流 220 　　　 C. 交流 200 　　　 D. 交流 380

18. M7130 平面磨床中,砂轮电动机的热继电器经常动作,轴承正常,砂轮进给量正常,则需要检查和调整( )。

A. 照明变压器 　　 B. 整流变压器 　　 C. 热继电器 　　 D. 液压泵电动机

19. CA6140 型车床是机械加工行业中最为常见的金属切削设备,其机床电源开关在机床( ),其刀架快速移动控制在中拖板( )操作手柄上。

A. 右侧 　　　　　　 B. 正前方 　　　　　 C. 左前方 　　　　　 D. 左侧

20. CA6140 型车床是机械加工行业中最为常见的金属切削设备,其电气控制箱在主轴转动箱的( ),其主轴控制在溜板箱的( )。

A. 后下方　　　　　B. 正前方　　　　　C. 左前方　　　　　D. 前下方

21. CA6140 型车床控制线路的电源是通过变压器 TC 引入到熔断器 FU2,经过串联在一起的热继电器 FR1 和(　　)的辅助触点接到端子板 6 号线。

A. FR1　　　　　B. FR2　　　　　C. FR3　　　　　D. FR4

22. CA6140 型车床三相交流电源通过电源开关引入端子板,并分别接到接触器(　　)上和熔断器 FU1 上。

A. KM1　　　　　B. KM2　　　　　C. KM3　　　　　D. KM4

23. CA6140 型车床三相交流电源通过电源开关引入端子板,并分别接到接触器 KM1 上和熔断器 FU1,从接触器 KM1 出来后接到热继电器 FR1 上,并与电动机(　　)相连接。

A. M1　　　　　B. M2　　　　　C. M3　　　　　D. M4

24. CA6140 型车床中功率最大的电动机是(　　)。

A. 刀架快速移动电动机　　　　　　　B. 主轴电动机

C. 冷却泵电动机　　　　　　　　　　D. 不确定,视实际加工需要而定

25. CA6140 型车床中不需要进行过载保护的是(　　)。

A. 主轴电动机 M1　　　　　　　　　B. 冷却泵电动机 M2

C. 刀架快速移动电动机 M3　　　　　D. M1 和 M2

26. CA6140 型车床中主轴电动机 M1 和冷却泵电动机 M2 的控制关系是(　　)。

A. M1、M2 可分别起、停　　　　　　B. M1、M2 必须同时起、停

C. M2 比 M1 先启动　　　　　　　　D. M2 必须在 M1 启动后才能启动

27. Z37 摇臂钻床的摇臂升、降开始前,一定先使(　　)松开。

A. 立柱　　　　　B. 联锁装置　　　　　C. 主轴箱　　　　　D. 液压装置

28. Z37 摇臂钻床的摇臂回转是靠(　　)实现的。

A. 电机拖动　　　　B. 人工拉转　　　　C. 机械传动　　　　D. 自动控制

29. 为防止 Z37 摇臂升,降电动机正反转继电器同时得电动作,在其控制线路中采用(　　)种互锁保证安全的方法。

A. 1　　　　　B. 2　　　　　C. 3　　　　　D. 4

30. Z37 摇臂钻床零压继电器的功能是(　　)。

A. 失压保护　　　　B. 零励磁保护　　　　C. 短路保护　　　　D. 过载保护

31. Z37 摇臂钻床的摇臂夹紧与放松是由(　　)控制的。

A. 机械　　　　　B. 电气　　　　　C. 机械和电气　　　　　D. 无极变速

32. Z37 摇臂钻床的主运动是(　　)。

A. 主轴带动刀具旋转　　　　　　　　B. 主轴带动工件旋转

C. 刀具沿主轴的直线运动　　　　　　D. 工件沿主轴的直线运动

33. Z37 摇臂钻床的主轴箱在摇臂上的移动靠(　　)。

A. 电动机驱动　　　　B. 液压驱动　　　　C. 人力推动　　　　D. 都可以

二、判断题(将判断结果填在括号中,正确的填√,错误的填×)

(　　)1. M7130 平面磨床的控制电路由直流 220 V 电压供电。

(　　)2. M7130 磨床的液压泵电动机 M3 必须在砂轮电动机 M1 运行后才能启动。

(　　)3. M7130 平面磨床的主电路中有三台电动机。

（　　）4. M7130 平面磨床的主电路中有三个接触器。

（　　）5. M7130 平面磨床的三台电动机都不能启动的大多原因是欠电流继电器 KUC 和转换开关 QS2 的触点接触不良、接线松脱，使电动机的控制电路处于断电状态。

（　　）6. M7130 平面磨床的三台电动机都不能启动的大多原因是整流变压器没有输出电压，使电动机的控制电路处于断电状态。

（　　）7. M7130 平面磨床的电磁吸盘无吸力时，首先要检查三相电源电压是否正常，再检查熔断器有无烧断、整流输出电压是否正常、电磁吸盘线圈是否短路或开路等。

（　　）8. M7130 平面磨床的电磁吸盘无吸力时，首先要检查热继电器是否动作了。

（　　）9. M7130 平面磨床的三台电动机启动的必要条件是转换开关 QS2 或欠电流继电器 KUC 的常开触点闭合。

（　　）10. M7130 磨床，液压泵电动机和砂轮电动机都采用了接触器互锁控制电路。

（　　）11. M7130 平面磨床电气控制线路中的三个电阻安装在配电板外。

（　　）12. M7130 平面磨床电气控制线路中的两个变压器安装在配电板上。

（　　）13. CA6140 型车床的刀架快速移动电动机必须使用。

（　　）14. CA6140 型车床的公共控制回路是 0 号线。

（　　）15. CA6140 型车床的主轴、冷却、刀架快速移动分别由三台电动机拖动。

（　　）16. Z37 摇臂钻床的摇臂回转是靠电动机拖动实现的。

（　　）17. Z37 摇臂钻床零压继电器可起到失压保护。

（　　）18. Z37 摇臂钻床中立柱的夹紧与松开控制是半自动控制的。

第六章
传感器及其应用

1. 熟悉光电开关工作原理、使用方法。
2. 熟悉霍尔开关工作原理、使用方法。
3. 熟悉电感式开关工作原理、使用方法。
4. 熟悉电容式开关工作原理、使用方法。

第一节　接近开关

在各类开关中,有一种对接近其它物件有"感知"能力的元件——传感器。利用传感器对接近物体的敏感特性达到控制开关通或断的目的,这就是接近开关。

一、接近开关概述

(一)接近开关的类型和基本结构

接近开关是一种用于工业自动化控制系统中,以实现检测、控制并与输出环节全盘无触点化的新型开关元件,通常由敏感元件、测量转换部分和放大输出电路构成,其中敏感元件是能直接感受被测对象的部分,测量转换部分把敏感元件输出的信号转换成电信号并进一步转换成开关信号,最后经放大后输出。输出元件一般是晶体三极管,根据三极管类型不同,接近开关分为 NPN 型和 PNP 型输出。接近开关的图形符号中,其常开触点部分与一般开关的符号相同,其菱形部分与常开触点部分用虚线相连,如图 6-1 所示。传感器可以根据不同的原理和不同的方法做成,而不同的传感器对物体的"感知"方法也不同,所以常见的接近开关有电感式、电容式、光电式、磁控式等几种。

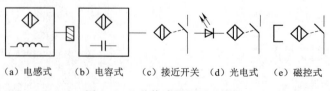

(a) 电感式　　(b) 电容式　　(c) 接近开关　(d) 光电式　　(e) 磁控式

图 6-1　几种传感器的图形符号

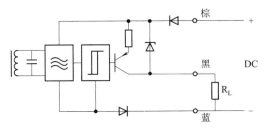

图 6-2　PNP 型输出电路

图 6-2 为 PNP 型输出电路,黑色为输出线,输出为常开;棕色为电源线,接电源正极;蓝色为电源线,接电源负极。

（二）接近开关的应用

1. 接近开关的选用

对于不同材质的检测目标和不同的检测距离,应选用不同类型的接近开关,以使其在系统中具有较高的性能价格比,并取得预期的效果。选用接近开关时应注意对工作电压、负载电流、响应频率、检测距离等各项指标的要求。

当检测目标为金属材料时,应选用电感式接近开关,该类型接近开关对铁镍、A3 钢类材料检测最灵敏,而对铝、黄铜和不锈钢类材料的检测灵敏度相对要低一些。

当检测目标为非金属材料时,如木材、纸张、塑料、玻璃和水等,应选用电容式接近开关;当检测目标为远距离检测和控制时,应选用光电开关或超声波型接近开关。

对于检测体为磁性材料或对汽缸活塞检测行程时,可选用价格低廉的磁性开关或霍尔式接近开关。

2. 接近开关型号说明

C 代表电容式、L 代表电感式、R 代表螺纹圆柱形、M 表示安装类型为埋入式,其后代表外径尺寸单位为 mm,"－"后面的数字表示动作距离。

3. 接近开关的安装形式

接近开关的安装形式有埋入式和非埋入式两种,埋入式接近开关的感应面与金属外壳齐平,非埋入式接近开关的感应面突出于金属外壳。在安装时,埋入式接近开关能够埋入金属里,直至"感应面"与金属平面齐平。相邻两个接近开关之间的距离必须大于或等于直径 d。非埋入式接近开关不能埋入金属里安装,两个接近开关的距离必须大于或等于 $2d$。

二、电感式接近开关

这种开关是利用导电物体在接近这个能产生电磁场的接近开关时,使物体内部产生涡流。涡流反作用到接近开关,使开关内部电路参数发生变化,由此识别出有无导电物体移近进而控制开关的通或断。这种接近开关所能检测的物体必须是导电体,一般用于检测金属物体。

电感式接近开关由三大部分组成:振荡器、开关电路及放大输出电路。振荡器产生一个交变磁场。当金属目标接近这一磁场,并达到感应距离时,在金属目标内产生涡流,从而产生振荡衰减,以致停振。振荡器振荡及停振的变化被后级放大电路处理并转换成开关信号,触发驱动控制器件,从而达到非接触式检测目的。

三、电容式接近开关

这种开关的测量对象通常是构成电容器的一个极板,而另一个极板是开关的外壳。当有物体移向接近开关时,不论它是否为导体,由于它的接近,总要使电容的介电常数发生变化,从而使电容量发生变化,进而与测量头相连的电路状态也随之生变化,由此便可控制开关的接通或断开。这种接近开关检测的对象,不限于导体,可以是绝缘的液体或粉状物等。

电容式接近开关的感应面由两个同轴金属电极构成,很像"打开的"电容器电极,这两个电极构成一个电容,串接在 RC 振荡回路内。电源接通时,RC 振荡器不振荡,当一个目标朝着电容器的电极靠近时,电容器的容量增加,振荡器开始振荡。通过后级电路的处理,将停振和振荡两种信号转换成开关信号,从而起到检测有无物体存在的目的。该传感器能检测金属物体,也能检测非金属物体,对金属物体可以获得最大的动作距离,对非金属物体的动作距离取决于材料的介电常数,材料的介电常数越大,可获得的动作距离越大。

第二节 光电开关

一、光电开关的概述

光电开关是通过把发光强度的变化转换成电信号的变化来实现控制的,是利用被测物体对光束的遮光或反射来检测物体有无的。光电开关可以非接触、无损伤地迅速检测和控制各种固体、液体、透明体、黑体、柔软体、烟雾等物质的状态。安防系统中常见的光电开关是烟雾报警器,工业中经常用它来记录机械臂的运动次数。

光电开关一般情况下由三部分组成:发送器、受光器和检测电路。光电开关的发射器(发送器)是将输入电流在发射器上转换为光信号射出,包含发光二极管。光电开关的受光器(接收器)根据所接收到的光线强弱对目标物体实现探测,产生开关信号,包含光电三极管或光电二极管。

二、光电开关的类型和工作原理

按照接收器接收光的方式不同,可分为对(透)射式、漫射式和反射式三种。

(一)对(透)射式光电开关

发射器(棕色与蓝色两根引线,分别接电源线的正极和负极)和受光器(棕色、蓝色、黑色是输出线)是分开的。检测物体通过时阻挡光路,受光器就动作,输出一个开关控制信号。当检测物体是不透明时,对(透)射式光电开关是最可靠的检测模式,一般工作距离可达几米至几十米,如图 6-3(a)所示。

(二)漫反射式光电开关

发射器和受光器是一体的,一般有三根引线,有的多了一根白色的引线,是选择动作模式的控制线。正常情况下,受光器是收不到光的,当检测物通过时挡住了光,并把部分光反射回来,受光器就收到光信号,输出一个开关控制信号。被检测物有关部位表面反射率要高。黑色物体或透明物体(如玻璃)不宜作被测物,一般工作距离小于或等于 1 m,如图 6-3(b)所示。

(三)反射式光电开关

发射器和受光器是一体的,且带一个反射板。发出的光线经过反射板反射回受光器,当被检测物体经过且完全阻断光线,受光器收不到光时,光电开关就动作输出一个开关控制信号,有效作用距离0.1~20 m,如图6-3(c)所示。

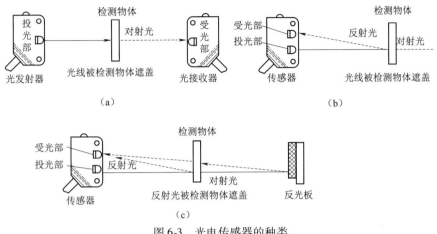

图 6-3 光电传感器的种类

三、光电开关的应用知识

使用注意事项:应避免将受光器光轴正对太阳光、白炽灯等强光源。为防止相互干扰,应拉开间距,对于对射式,发射器与受光器应交叉设置。当被测物体有明亮光泽或遇到光滑金属面时,一般反射率较高,应将投光器与检测物体安装成10^d~20°的夹角,以防误操作,应排除背景物的影响。透镜可用擦镜纸擦拭,禁用稀释溶剂等化学品,以免永久损坏塑料镜。高压线、动力线和光电传感器的配线不应放在同一配线管或线槽内,否则会由于感应而造成误操作或损坏。

第三节　霍尔开关

一、磁性开关的类型

霍尔开关是一种对磁性物体敏感的接近开关。一般经常使用的磁性开关有两类,一类是用霍尔元件做成的接近开关,也叫磁性开关。当磁性物件移近霍尔开关时,开关检测面上的霍尔元件因产生霍尔效应而使开关内部电路状态发生变化,由此识别附近有磁性物体存在,进而控制开关的通断;另一类是用舌簧开关(干簧管)做成的,主要用来检测气缸活塞位置,即检测活塞的活动行程。

二、磁性开关的基本工作原理

当有磁性物质靠近玻璃管时,在磁场磁力线的作用下,磁性开关管内的两个簧片被磁化而互相吸引接触,簧片就会吸合在一起,使触点所接的电路连通。外磁力消失后,两个簧片由于本身的弹性而分开,线路也就断开了。

干簧管具有结构简单、体积小、便于控制等优点,可以安装在金属中,甚至可以穿过金属去检测磁性物体的接近。使用时通常将磁性开关固定在汽缸外壳来检测气缸内活塞的位置。使用磁性开关时,尽量远离强磁场或周围有导磁金属的环境,避免产生干扰。霍尔磁性开关的功能类似干簧管磁性开关,但是它寿命长、响应快、无磨损,在安装时要注意磁铁的极性,若磁铁极性装反,则无法工作。可安装在金属中,可穿过金属进行检测,可并排紧密安装。

三、磁性开关的应用知识

电压和电流应避免超出使用范围,严禁磁性开关与电源直接接通,必须同负载(如继电器等)串联使用。选用连接之前,要确认使用的工作电源,采用直流电源时,磁性开关的棕色线串接负载后接电源的正极,蓝色线接电源的负极,应避免在有强磁场、大电流的环境中使用。高压线、动力线和磁性开关的配线不应放在同一配线管或线槽内,否则会由于感应而造成磁性开关的损坏。磁性开关可以并联或者串联,但要注意压降不能太大,若太大,可能会使 PLC 无法产生正确的输入信号。

第四节　增量型光电编码器

一、光电编码器的类型和基本结构

旋转编码器是用来测量转速或角位移的装置。光电式旋转编码器(简称光电编码器)通过光电转换,可将输出轴的角位移、角速度等机械量转换成相应的电脉冲,以数字量输出,其技术参数主要有每转脉冲数(几十个到几千个)和供电电压等。

增量型编码器的基本结构由可固定在支架上的外壳、中间有转轴的光电码盘、光电发射器件、光电接收器件、信号转换及输出电路等部件组成。

二、增量型编码器的基本工作原理

增量型编码器主要由光源、码盘、检测光栅、光电检测器件和转换电路组成。每当码盘旋转一圈,编码器就会输出同样数量的脉冲,脉冲的频率是和转轴的转速成正比的。因此只要对脉冲的个数计数,就能计算出脉冲的频率,进而计算出转轴的转速。编码器每转动一个预先设定的角度将输出一个脉冲信号,通过统计脉冲信号的数量来计算旋转的角度,因此编码器输出的位置数据是相对的。由于采用固定脉冲信号,因此旋转角度的起始位可以任意设定;由于采用相对编码,因此掉电后旋转角度数据会丢失需要重新复位。

三、增量型编码器的应用知识

实际应用系统中,编码器一般作为检测元件,其输出脉冲信号都要送到系统中的控制器去。常见的控制器有 PLC、单片计算机、工业控制计算机等。

理论试题精选 10

一、选择题(下列题中括号内,只有 1 个答案是正确的,将正确的代号填入其中)

1. 光电开关可以非接触、(　　)地迅速检测和控制各种固体、液体、透明体、黑体、柔软体、烟雾等物质的状态。

A. 高亮度　　　　　B. 小电流　　　　　C. 大力矩　　　　　D. 无损伤

2. 当检测高速运动的物体时,应优先选用(   )光电开关;当检测远距离的物体时,应优先选用(   )光电开关;当被检测物体的表面光亮或其反光率极高时,应优先选用(   )光电开关;当被检测物体不透明时,应优先选用(   )光电开关。

A. 光纤式   B. 槽式   C. 对射式   D. 漫反射式

3. 光电开关的配线不能与(   )放在同一配线管或线槽内。

A. 光纤线   B. 网络线   C. 动力线   D. 电话线

4. 光电开关的接收器根据所接收到的光线强弱对目标物体实现探测,产生(   )。

A. 开关信号   B. 压力信号   C. 警示信号   D. 频率信号

5. 光电开关的接收器部分包含(   )。光电开关的发射器部分包含(   )。

A. 定时器   B. 调制器   C. 发光二极管   D. 光电三极管

6. 光电开关将(   )在发射器上转换为光信号射出。

A. 输入压力   B. 输入光线   C. 输入电流   D. 输入频率

7. (   )的场所,有可能造成光电开关的误动作,应尽量避开。

A. 办公室   B. 高层建筑   C. 气压低   D. 灰尘较多

8. 光电开关按结构可分为放大器分离型、放大器内藏型和(   )三类。

A. 电源内藏型   B. 电源分离型   C. 放大器组合型   D. 放大器集成型

9. 接近开关的图形符号中,其常开触点部分与(   )的符号相同。

A. 断路器   B. 一般开关   C. 热继电器   D. 时间继电器

10. 接近开关的图形符号中,其菱形部分与常开触点部分用(   )相连。

A. 虚线   B. 实线   C. 双虚线   D. 双实线

11. 选用接近开关时应注意对工作电压、负载电流、响应频率、(   )等各项指标的要求。

A. 检测距离   B. 检测功率   C. 检测电流   D. 工作速度

12. 高频振荡电感型接近开关主要由感应头、振荡器、开关器、(   )等组成。

A. 输出电路   B. 继电器   C. 发光二极管   D. 光电三极管

13. 电感型接近开关的感应头附近有金属物体接近时,接近开关(   )。

A. 振荡减弱或停止、有信号输出   B. 振荡电路工作

C. 无信号输入   D. 无信号输出

14. 电感型接近开关的感应头附近无金属物体接近时,接近开关(   )。

A. 振荡减弱或停止   B. 振荡电路工作、无信号输出

C. 有信号输出   D. 有信号输入

15. 磁性开关中的干簧管是利用(   )来控制的一种开关元件。

A. 磁场信号   B. 压力信号   C. 温度信号   D. 电流信号

16. 磁性开关的图形符号中,其常开触点部分与(   )的符号相同。

A. 断路器   B. 一般开关   C. 热继电器   D. 时间继电器

17. 磁性开关的图形符号中有一个(   );接近开关的图形符号中有一个(   )。

A. 长方形   B. 平行四边形   C. 菱形   D. 正方形

18. 永久磁铁和(   )可以构成磁性开关。

A. 继电器   B. 干簧管   C. 二极管   D. 三极管

19.磁性开关干簧管内两个铁质弹性簧片的接通与断开是由(　　)控制的。

A.接触器　　　　B.按钮　　　　C.电磁铁　　　　D.永久磁铁

20.磁性开关在使用时要注意磁铁与(　　)之间的有效距离在10 mm左右。

A.干簧管　　　　B.磁铁　　　　C.触点　　　　D.外壳

21.磁性开关在使用时要注意远离(　　)。

A.低温　　　　B.高温　　　　C.高电压　　　　D.大电流

22.磁性开关用于(　　)场所时应选金属材质的器件;磁性开关用于(　　)场所时应选PP、PVDF材质的器件。

A.化工企业　　　　B.真空低压　　　　C.强酸强碱　　　　D.高温高压

23.磁接近开关可由(　　)构成。

A.接触器和按钮　　　　　　　　　　B.二极管和电磁铁

C.三极管和永久磁铁　　　　　　　　D.永久磁铁和干簧管

24.磁性开关的图形符号中,其菱形部分与常开触点部分用(　　)相连。

A.虚线　　　　B.实线　　　　C.双虚线　　　　D.双实线

25.磁性开关中干簧管的工作原理是(　　)。

A.与霍尔元件一样　　　　　　　　　B.磁铁靠近接通,无磁断开

C.通电接通,无电断开　　　　　　　　D.与电磁铁一样

26.增量式光电编码器接线时,应在电源(　　)下进行。

A.接通状态　　　B.断开状态　　　C.电压较低状态　　　D.电压正常状态

27.新型光电开关具有体积小、功能多、寿命长、精度高、(　　)、检测距离远及抗光、电、磁干扰能力强等特点。

A.响应速度快　　　　B.功率大　　　　C.耐压高　　　　D.电流大

28.光电开关可在环境照度较高时,一般都能稳定工作,但应回避(　　)。

A.强光源　　　　B.微波　　　　C.无线电　　　　D.噪声

29.光电开关在几组并列靠近安装时,应防止(　　)。

A.微波　　　　B.相互干扰　　　　C.无线电　　　　D.噪声

30.接近开关又称无触点行程开关,因此在电路中的符号与行程开关(　　);磁性开关的作用与行程开关类似,在电路中的符号与行程开关(　　)。

A.文字符号一样　　　B.图形符号一样　　　C.无区别　　　　D.有区别

31.增量式光电编码器主要由光源、(　　)、检测光栅、光电检测器件和转换电路组成。

A.光电三极管　　　　B.运算放大器　　　　C.码盘　　　　D.脉冲发生器

32.增量式光电编码器可将转轴的角位移和角速度等机械量转换成相应的(　　),以数字量输出。

A.功率　　　　B.电脉冲　　　　C.电流　　　　D.电压

33.可以根据增量式光电编码器单位时间内的脉冲数量测出(　　)。

A.相对位置　　　　B.绝对位置　　　　C.轴加速度　　　　D.旋转速度

34.当检测体为(　　)时,应选用电容型接近开关;当检测体为(　　)时,应选用高频振荡型接近开关。

A.透明材料　　　　B.不透明材料　　　　C.金属材料　　　　D.非金属材料

35. 磁性开关可以由( )构成。

A. 继电器和电磁铁 B. 二极管和三极管

C. 永久磁铁和干簧管 D. 三极管和继电器

二、判断题(将判断结果填在括号中,正确的填√,错误的填✕)

( )1. 接近开关的功能除了有行程开关和限位保护外,还可以检测金属的存在及高速计数、测速、定位、变换运动方向、检测零件尺寸、液面控制及用作无触点开关。

( )2. 磁性开关的作用与行程开关类似,因此与行程开关的符号完全一样。

( )3. 光电开关将输入电流在发射器上转换为光信号射出,接收器再根据所接收到的光线强弱或有无对目标物体实现探测。

( )4. 增量式光电编码器可将转轴的电脉冲转换成相应的角位移、角速度等机械量输出。

( )5. 磁性开关一般在磁铁接近干簧管10 cm左右时,使开关触点发出动作信号。

( )6. 光电开关在结构上可分为发射器与接收器两部分。

( )7. 当被检测物体的表面光亮或其反光率极高时,对射式光电开关是首选的检测模式。

( )8. 当检测体为金属材料时,应选用电容型接近开关。

( )9. 永久磁铁和干簧管可以构成磁性开关。

( )10. 高频振荡电感型接近开关是利用铁磁材料靠近感应头时,改变高频振荡线圈回路的振荡频率,从而发出触发信号,驱动执行元件动作。

( )11. 在使用光电开关时,应注意环境条件,使光电开关能够正常可靠地工作。

( )12. 磁性开关可以用于计数、限位等控制场合。

( )13. 电磁感应式接近开关由感应头、振荡器、继电器等组成。

第七章

可编程逻辑控制器技术及应用

学习目标

1. 熟悉可编程序逻辑控制器的硬件结构及工作原理。
2. 掌握可编程逻辑控制器的指令系统。
3. 掌握 FX2N 系列 PLC 的使用注意事项。

第一节 可编程逻辑控制器概述

一、可编程逻辑控制器的定义及分类

(一) 可编程逻辑控制器的定义

第一台可编程控制器的型号为 PDP-14,在汽车自动装配线上成功试用,其控制功能是通过存储在计算机中的程序来实现的,这就是人们常说的存储程序控制。由于当时主要用于顺序控制,只能进行逻辑运算,故称为可编程序逻辑控制器(programmable logic controller,PLC)。

可编程序逻辑控制器是一种数字运算与控制操作为一体的电子控制系统,专为在工业环境下应用而设计。它采用了可编程序的存储器,用来在其内部进行存储程序、执行逻辑控制、顺序控制、定时、计数和算术运算等操作指令,并通过数字式输入/输出控制各种类型的机械或生产过程。

(二) 可编程逻辑控制器的分类

可编程逻辑控制器一般按控制规模的大小及结构特点进行分类。

1. 按控制规模分类(I/O 点数)

(1)小型机。控制点一般在 256 点之内,适合于单机控制或小型系统的控制,如 FX 系列;S7-1200。

(2)中型机。控制点一般不大于 2 048 点,可用于对设备进行直接控制,还可以对多个下一级的可编程逻辑控制器进行监控,它适合中型或大型控制系统的控制,如 S7-300Q 系列。

(3)大型机。控制点一般大于 2 048 点,不仅能完成较复杂的算术运算,还能进行复杂的矩阵运算,可用于对设备进行直接控制,如 S7-400。

2. 按结构特点分类

(1)整体式。整体式结构的 PLC,把电源、CPU、存储器、I/O 系统都集成在一个单元内,该

126

单元叫作基本单元,一个基本单元就是一台完整的 PLC。控制点数不符合需要时,可再接扩展单元,其特点是非常紧凑、体积小、成本低、安装方便。

(2)模块式。模块式结构的 PLC,是把 PLC 的各个组成部分按功能分成若干个模块,如 CPU 模块、输入模块、输出模块、电源模块等,还有一些特殊功能模块、PID 控制模块、通信模块、位置检测模块等,其特点是模块尺寸统一、安装整齐、扩展、维修灵活方便。

二、PLC 的基本结构及特点

(一)PLC 的基本结构

PLC 有许多类型,但基本组成相同,主要由微处理器(中央处理器 CPU)、存储器、输入单元、输出单元、电源及编程器等外部设备组成,如图 7-1 所示。可编程逻辑控制器采用大规模集成电路构成的微处理器和存储器来组成逻辑部分,由基本单元、扩展单元、编程器、用户程序、程序存储器等组成。

1. 中央处理单元 CPU

CPU 一般由控制器、运算器和寄存器组成,这些电路都集成在一个芯片上。CPU 是可编程逻辑控制器的核心,主要完成运算和控制任务,可以接收并存储从编程器输入的用户程序和数据;进入运行状态后,扫描执行程序,完成程序的逻辑及运算任务,根据运算结果控制输出设备。CPU 芯片的性能关系到可编程逻辑控制器处理控制信号的能力与速度,CPU 位数越高,系统处理的信息量越大,运算速度也越快。

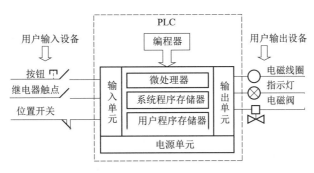

图 7-1　PLC 的组成

2. 存储器

系统程序存储器(只读存储器)用来存放由可编程逻辑控制器生产厂家编写的系统程序,用户不能直接更改。它包含固定 ROM 无法修改是可擦除 EPROM(只能用紫外线擦除)和 E-2PROM(可以用电擦除),擦除后可以重写。

用户程序存储器(随机存储器 RAM)用来存放用户程序,存储输入/输出状态,计数、计时;存放的随机数据掉电即丢失。为防止丢失,可采用后备电池(锂电池)进行数据保护。目前较先进的快闪存储器不需后备电池,掉电时数据也不会丢失。

3. 输入/输出单元

输入单元用于处理输入信号,对输入信号进行滤波、隔离等,以把输入信号的逻辑值安全、可靠地传递到 PLC 内部。输入单元接收和采集两种类型的输入信号,一类是开关量输入信号,包括按钮、行程开关、继电器触点、接近开关等;另一类是模拟量输入信号,包括电位器、测速发电机和各种变送器等送来的模拟量输入信号。

为防止强电干扰,通常采用光电耦合器与输入信号相连,同时在电路中设有 RC 滤波器,以消除输入触点的抖动和外部干扰脉冲引起的错误的输入信号。输入端子接线示意如图 7-2 所示。

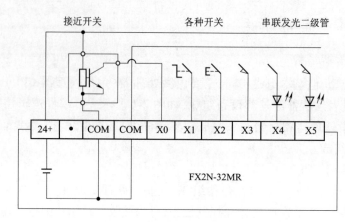

图 7-2　输入端子接线示意图

输出单元用于把用户程序的逻辑运算结果输出到 PLC 外部,用来连接被控对象中各种执行元件,如接触器、电磁阀、指示灯、调节阀(模拟量)等。输出端子接线示意如图 7-3 所示。FX2N 系列 PLC 的输出接口中,若干输出端子构成一组,共用一个输出公共端,各组的输出公共端用 COM1、COM2 等表示,各组公共端间相互独立。PLC 的输出类型共有三种,见表 7-1。

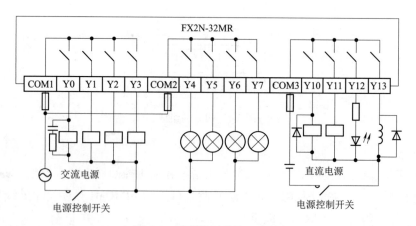

图 7-3　输出端子接线示意图

表 7-1　PLC 的三种输出类型

形　　式	驱动负载	响应速度	寿命	负载电源	电流
继电器输出	直流/交流　非频繁动作	慢(ms 级)	短	AC 220 V	2 A
晶体管输出	直流　频繁通断	快(ns 级)	长	DC 24 V	0.5 A
晶闸管输出	交流　频繁通断	较快(μs 级)	长	AC 220 V	0.3 A

4. 电源

电源就是用来将外部供电电源转换成供 PLC 的 CPU、存储器、I/O 接口等电子电路工作所需要的直流电源,使 PLC 能正常工作。PLC 还为用户提供 24 V 直流电源作为输入端、输出端和各种传感器使用。为了防止因外部电源发生故障,造成 PLC 内部重要数据丢失,一般备有后备电源。当驱动感性负载时,应在负载两端并联续流二极管和稳压管串联电路,防止过电压,保护 PLC。

5. 外部设备

PLC 的外部设备很多,主要有编程器、操作面板、人机界面、打印机等。其中,编程器是PLC 的重要外部设备,有简易编程器和智能图形编程器两种,主要用于编程、对系统做一些设定、监控 PLC 及 PLC 所控制的系统的工作状况。

注意:编程器不直接加入现场控制运行。一台编程器可开发、监护许多台 PLC 的工作。

（二）可编程逻辑控制器的特点

（1）可靠性高、抗干扰能力强,在硬件和软件上采取了一系列的抗干扰措施,能适应各种恶劣的工作环境。一般 PLC 平均无故障工作时间可达 30 万 h。

（2）系统扩充方便、组合灵活,用户应用控制程序可变、柔性强。通过编程可以灵活地改变控制程序,实现改变常规电气控制电路的目的。

（3）编程简单、易学易用;体积小、能耗低。

（4）系统设计、调试时间短,安装维修方便,PLC 采用软件编程来代替继电器接触器控制电路中的中间继电器和时间继电器,大大减轻了繁重的安装和接线工作。PLC 具有自诊断功能,便于调试和维护。

三、PLC 的工作原理

（一）PLC 的基本工作原理

PLC 采用循环扫描的工作方式,其扫描过程如图 7-4 所示,当 PLC 处于“停止（STOP）”工作状态时,程序执行阶段停止执行。当 PLC 处于“运行（RUN）”工作状态时,顺序执行内部处理、通信操作、输入处理、程序执行、输出刷新等工作。PLC 的扫描过程主要是以下三个阶段。

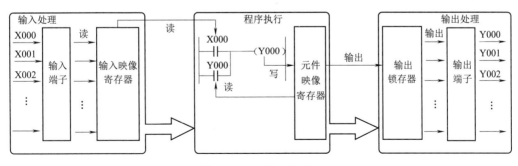

图 7-4　PLC 的工作原理

1. 输入采样阶段

输入采样也称输入处理,PLC 以扫描工作方式按顺序将所有输入端的输入状态（“1”或

"0")采样并存入输入映像寄存器中。在本工作周期内,这个采样结果的内容不会改变,而且这个采样结果将在 PLC 程序执行时被使用。只有在下一个扫描周期的输入处理阶段才能重新把输入状态采样存入输入映像寄存器中。

2. 程序执行阶段

PLC 按顺序进行扫描,即从上到下、从左到右地扫描每条指令,并根据读入的输入、输出状态进行相应的运算,运算结果存入输出映像寄存器。

3. 输出处理阶段

输出处理也称输出刷新,这是一个程序执行周期的最后阶段。用户程序执行完后,PLC 将输出映像寄存器中的内容送入输出锁存器中,通过输出接口控制外部执行元件的相应动作,然后又返回去进行下一个周期循环的扫描。

PLC 处于运行工作状态时,执行一次图 7-4 所示的全过程扫描所需要的时间称为扫描周期。扫描周期是 PLC 的一个重要性能指标,它取决于扫描速度和用户程序的长短,小型 PLC 的扫描周期一般为几毫秒到几十毫秒。

(二)PLC 的编程语言

目前,PLC 的编程语言有梯形图、指令语句表、功能图、顺序功能图和高级编程语言。梯形图编程语言和指令语句表编程语言最为常用。

1. 梯形图语言

梯形图语言是在继电器控制原理图的基础上产生的一种直观、形象的图形逻辑编程语言。

2. 指令语句表

指令语句表是一种类似于计算机中汇编语言的助记符指令编程语言。指令语句由地址(步序)、助记符、数据三部分组成。

3. 功能图编程

功能图编程是一种在数字逻辑电路设计基础上开发的图形编程语言,其逻辑功能清晰,输入、输出关系明确,适用于熟悉数字电路系统的设计人员,常采用智能型编程器(专用图形编程器或计算机编程软件)编程。功能图编程实际上是用逻辑功能符号组成的功能块来表达命令的图形语言,与数字电路中逻辑图一样,它极易表现条件与结果之间的逻辑功能。

4. 顺序功能图

顺序功能图常用来编制顺序控制类程序,根据它可以方便地画出顺序控制梯形图程序,它包含步、动作、转换条件三个要素。

第二节　可编程控制器(FX 系列)

一、FX 系列 PLC 概述

(一)型号含义

FX□ – □□□□的第一个□表示系列序号:0、2、2N,即 FX0、FX2、FX2N。第二个□表示 I/O 总点数:16 ~ 256 点(16、32、128 等)。第三个□表示单元类型:M——基本单元;E——输入/输出混合扩展单元及扩展模块;EX——输入专用扩展模块;EY——输出专用扩展模块。

第四个□表示输出形式:R——继电器输出;T——晶体管输出;S——晶闸管输出。第五个□表示特殊品种区别:D——DC 电源、DC 输入;A1——AC 电源、AC 输入等。

例:FX2N-40ER 表示 FX2N 系列输入/输出混合扩展单元及扩展模块,输入/输出总点数为40,继电器输出方式。

（二）主要编程元件

每种软元件都用特定的字母来表示,如 X 表示输入继电器、Y 表示输出继电器、M 表示辅助继电器、T 表示定时器、C 表示计数器、S 表示状态元件等,并对这些软元件给予规定的编号。由于软元件是存储单元,可以无限次地访问,因而软元件可以有无限个常闭触点和常开触点,这些触点在 PLC 编程时可以随意使用。下面对主要软元件进行说明。

1. 输入继电器（X）

PLC 中专门用来接收外部用户的输入设备,如开关、传感器等的输入信号。输入继电器不能用程序驱动,只能由外部信号所驱动。在梯形图中只能出现输入继电器的触点,不能出现输入继电器的线圈,其常开触点与常闭触点在可编程逻辑控制器中被无数次使用。不同型号的 PLC 拥有的输入继电器数量是不相同的,如 FX2N-16M 的输入点为 8 点,这样的八进制格式进行编号,对应的输入继电器的编号为 X0000 ~ X0007。

2. 输出继电器（Y）

PLC 只能通过输出继电器的外部触点来控制输出端口连接的外部负载。输出继电器只能用程序指令驱动,外部信号无法驱动,具有一个外部硬触点和无限个常开、常闭软触点供编程使用。采用八进制地址编号,基本单元中的输出点按照 Y000 ~ Y007、Y010 ~ Y017 编号;扩展单元的输出点也接着基本单元的输出点顺序进行编号。

3. 辅助继电器（M）

PLC 中的辅助继电器和继电器控制电路中的中间继电器的作用类似,但是它的触点不能直接驱动外部负载,只能用程序指令驱动,外部信号无法驱动,可提供无限个常开、常闭触点供编程使用,数量比 X、Y 多得多。采用十进制进行编号,包括:通用辅助继电器 M0 ~ M499（500点）;掉电保持辅助继电器 M500 ~ M1023（524 点）;特殊辅助继电器 M8000 ~ M8255（256 点）;只能利用其触点的特殊辅助继电器 M000——PLC 运行时接通,可作为 PLC 运行监控等（M8000是无法驱动线圈的）;可驱动线圈型特殊辅助继电器,如 M8033、M8039 等。提示:用户不可使用未定义的特殊功能辅助继电器。

4. 定时器（T）

PLC 中的定时器相当于继电器控制电路中的时间继电器,可提供无限个常开、常闭触点供编程使用。定时器实际是内部脉冲计数器,可对内部 1 ms、10 ms 和 100 ms 时钟脉冲进行加计数,当达到用户设定值时,触点动作,常开触点接通、常闭触点断开。

5. 计数器（C）

计数器在程序中用作计数控制,元件号按十进制编号。计数器工作过程:计数到,线圈为 ON（接通）触点动作;计数不到,线圈不接通,触点不动作;计数器清零,线圈 OFF（断开）即回位,触点回位。

二、FX2N 系列 PLC 的基本指令

FX2N 系列 PLC 的指令可分为基本指令、步进指令、功能指令等几类。按照标准要求能应

用基本指令进行编程,因此仅对基本指令进行介绍。PLC 指令的组成为操作码和操作数。操作码用助记符表示,用来表明要执行的功能;操作数一般是由标识符和参数组成的,用来表示操作的对象。

（一）逻辑取及输出线圈(LD、LDI、OUT)

LD、LDI 要求是触点接到左母线上,输出线圈指令 OUT 可多次并行使用。对于定时器的线圈,使用 OUT 指令后,必须设定参数 K,如图 7-5 所示。图中定时器编号 T,说明是 0.1 s 定时器,设定值为 25,则定时时间为 $25 \times 0.1 = 2.5$（s）。T0 ~ T199 为 100 ms 定时器,T200 ~ T245 为 10 ms 定时器。

（二）触点串联(AND、ANI)

AND 指令用于单个常开触点的串联,ANI 指令用于单个常闭触点的串联。AND、ANI 指令可以多次重复使用。

OUT 指令后,再通过触点对其他线圈使用 OUT 指令,称为连续输出,如图 7-5 所示,图中的 OUT Y0004。在图中驱动 T1 后,可通过触点 T1 驱动 Y0004。

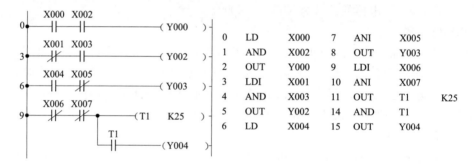

图 7-5　LD、LDI、OUT、AND/ANI 指令用法

（三）触点并联(OR、ORI)

OR、ORI 指令只能用于一个触点的并联连接,该指令可以重复使用。

OR、ORI 指令是从该指令的所在位置开始,对前面的 LD、LDI 指令并联连接。

OR、ORI 指令用法如图 7-6 所示。

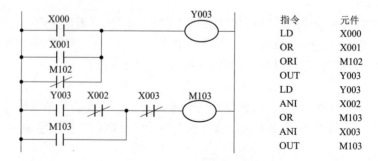

图 7-6　OR、ORI 指令用法

（四）FX2N 系列 PLC 的使用注意事项

（1）触点的安排：梯形图的接点应画在水平线上，不能画在垂直分支上。

（2）线圈的安排：梯形图的每一逻辑行必定从左边的母线以触点输入开始，以线圈结束，即线圈右面不能再放触点，同时不允许双线圈输出（同一程序中，同一元件的线圈使用两次或多次称为双线圈输出）。

（3）串并联的安排（左大右小，上大下小）：有串联电路并联时，应将接点最多的那个串联回路放在梯形图最上面；有并联电路相串联时，应将接点最多的并联回路放在梯形图的最左边。

（4）将继电控制电路替换成 PLC 梯形图时的注意事项

PLC 的 I/O 状态表示的都是常开触点的状态，对于常闭触点 PLC 是将其相应位的状态取反而获得。如果输入设备采用动断触点时，PLC 编程与继电控制原理相反。为了习惯一致，PLC 尽可能采用输入设备的常开触点接输入端。

理论试题精选 11

一、选择题（下列题中括号内，只有 1 个答案是正确的，将正确的代号填入其中）

1. 可编程序控制器是一种专门在（　　）环境下应用而设计的数字运算操作的电子装置。

　　A. 工业　　　　　　B. 军事　　　　　　C. 商业　　　　　　D. 农业

2. 可编程控制器采用大规模集成电路构成的（　　）和存储器来组成逻辑部分。

　　A. 运算器　　　　　B. 微处理器　　　　C. 控制器　　　　　D. 累加器

3. 可编程序控制器系统是由（　　）和程序存储器等组成。

　　A. 基本单元、编程器、用户程序　　　　　B. 基本单元、扩展单元、用户程序

　　C. 基本单元、扩展单元、编程器　　　　　D. 基本单元、扩展单元、编程器、用户程序

4. 可编程序控制器（　　）中存放的随机数据掉电即丢失。

　　A. RAM　　　　　　B. DVD　　　　　　C. EPROM　　　　　D. CD

5. 对于继电器输出型可编程序控制器，其所带负载只能是额定（　　）电源供电。

　　A. 交流　　　　　　B. 直流　　　　　　C. 交流或直流　　　D. 低压直流

6. 对于晶体管输出型可编程控制器，其所带负载只能是额定（　　）电源供电；对于晶闸管输出型可编程控制器，其所带负载只能是额定（　　）电源供电。

　　A. 交流　　　　　　B. 直流　　　　　　C. 交流或直流　　　D. 高压直流

7. 对于晶闸管输出型 PLC，要注意负载电源为（　　），并且不能超过额定值；对于晶体管输出型 PLC，要注意负载电源为（　　）V，并且不能超过额定值。

　　A. AC 600　　　　　B. AC 220　　　　　C. DC 220　　　　　D. DC 24

8. 对于 PLC 晶体管输出，带感性负载时，需要采取（　　）的抗干扰措施。

　　A. 在负载两端并联续流二极管和稳压管串联电路

　　B. 电源滤波

　　C. 可靠接地

　　D. 光电耦合器

9. FX2N 可编程序控制器（　　）输出反应速度比较快。

A. 继电器型　　　　　　　　　　　　　　B. 晶体管和晶闸管型

C. 晶体管和继电器型　　　　　　　　　　D. 继电器和晶闸管型

10. FX2N 可编程序控制器输入隔离采用的形式是（　　），以提高抗干扰能力。

A. 变压器　　　　B. 电容器　　　　C. 光电耦合器　　　　D. 发光二极管

11. 可编程控制器系统由基本单元、（　　）、编程器、用户程序、程序存入器等组成。

A. 键盘　　　　　　B. 鼠标　　　　　　C. 扩展单元　　　　D. 外围设备

12. （　　）不是可编程序控制器的抗干扰措施。

A. 可靠接地　　　　B. 电源滤波　　　　C. 晶体管输出　　　D. 光电耦合器

13. 可编程序控制器的特点是（　　）。

A. 不需要大量的活动部件和电子元件，接线减少，维修简单，性能可靠

B. 统计运算、计时、计数采用了一系列可靠性设计

C. 数字运算、计时编程简单，操作方便，维修容易，不易发生操作失误

D. 以上都是

14. 可编程序控制器通过编程可以灵活地改变（　　），实现改变常规电气（控制电路）的目的。

A. 主电路　　　　　B. 硬接线　　　　　C. 控制电路　　　　D. 控制程序

15. 用 PLC 控制可以节省大量继电器接触器控制电路中的（　　）。

A. 交流接触器　　　　　　　　　　　　　B. 熔断器

C. 开关　　　　　　　　　　　　　　　　D. 中间继电器和时间继电器

16. PLC（　　）阶段根据读入的输入信号状态，解读用户程序逻辑，按用户逻辑得到正确的输出；PLC（　　）阶段把逻辑解读的结果，通过输出部件输出给现场的受控元件；PLC（　　）阶段读入输入信号，将按钮、开关触点、传感器等输入信号读入到存储器内，读入的信号一直保持到下一次该信号再次被读入时为止，即经过一个扫描周期。

A. 输出采样　　　　B. 输入采样　　　　C. 程序执行　　　　D. 输出刷新

17. 可编程控制器在 STOP 模式下，执行（　　）。

A. 输出采样　　　　B. 输入采样　　　　C. 输出刷新　　　　D. 以上都执行

18. 可编程序控制器停止时，（　　）阶段停止执行。

A. 程序执行　　　　B. 存储器刷新　　　C. 传感器采样　　　D. 输入采样

19. 可编程控制器在 STOP 模式下，不执行（　　）。

A. 输出采样　　　　B. 输入采样　　　　C. 用户程序　　　　D. 输出刷新

20. PLC 编程软件通过计算机，可以对 PLC 实施（　　）。

A. 编程　　　　　　B. 运行控制　　　　C. 监控　　　　　　D. 以上都是

21. 可编程控制器在 RUN 模式下，执行顺序是（　　）。

A. 输入采样→执行用户程序→输出刷新　　B. 执行用户程序→输入采样→输出刷新

C. 输入采样→输出刷新→执行用户程序　　D. 以上都不对

22. FX2N-20MT 可编程序控制器表示（　　）类型。

A. 继电器输出　　　　B. 晶闸管输出　　　　C. 晶体管输出　　　　D. 单结晶体管输出

23. FX2N-40MR 可编程序控制器，表示 F 系列（　　）。

A. 基本单元　　　　B. 扩展单元　　　　C. 单元类型　　　　D. 输出类型

24. FX2N-40ER 可编程序控制器中 E 表示（　　）；FX2N-40MR 可编程序控制器中 M 表示（　　）。

A. 基本单元　　　　B. 扩展单元　　　　C. 单元类型　　　　D. 输出类型

25. FX2N 系列可编程序控制器计数器用（　　）表示；FX2N 系列可编程序控制器定时器用（　　）表示；FX2N 系列可编程序控制器输入继电器用（　　）表示；输出继电器用（　　）表示；FX2N 系列可编程序控制器计数器辅助继电器用 M 表示。

A. X　　　　B. Y　　　　C. T　　　　D. C

26. 继电器接触器控制电路中的计数器，在 PLC 控制中可以用（　　）替代；继电器接触器控制电路中的中间继电器，在 PLC 控制中可以用（　　）替代。继电器接触器控制电路中的时间继电器，在 PLC 控制中可以用（　　）替代。

A. M　　　　B. S　　　　C. C　　　　D. T

27.（　　）是可编程序控制器使用较广的编程方式；（　　）是可编程序控制器的编程基础。

A. 功能表图　　　　B. 梯形图　　　　C. 位置图　　　　D. 逻辑图

28. PLC 梯形图编程时，右端输出继电器的线圈能并联（　　）个。

A. 1　　　　B. 不限　　　　C. 0　　　　D. 2

29. 对于简单的 PLC 梯形图设计时，一般采用（　　）；对于复杂的 PLC 梯形图设计时，一般采用（　　）。

A. 经验法　　　　B. 顺序控制设计法　　　　C. 子程序　　　　D. 中断程序

30. 对于小型开关量 PLC 梯形图程序，一般只有（　　）。

A. 初始化程序　　　　B. 子程序　　　　C. 中断程序　　　　D. 主程序

31. PLC 编程时，子程序可以有（　　）个；PLC 编程时，主程序可以有（　　）个。

A. 无限　　　　B. 3　　　　C. 2　　　　D. 1

32. 在一个 PLC 程序中，同一地址号的线圈只能使用（　　）次，即只能有（　　）次输出，并且继电器线圈不能串联只能并联。

A. 3　　　　B. 2　　　　C. 1　　　　D. 无限

33. 将程序写入可编程序控制器时，首先将存储器清零，然后按操作说明写入（　　），结束时用结束指令。

A. 地址　　　　B. 程序　　　　C. 指令　　　　D. 序号

34. FX2N 可编程序控制器 DC 输入型，可以直接接入（　　）信号。输入电压额定值为 DC 24 V。

A. AC 24 V　　　　B. 4～20 mA 电流　　　　C. DC 24 V　　　　D. DC 0～5 V 电压

35. 可编程序控制器的梯形图规定串联和并联的触点数是（　　）；FX2N 系列可编程序控制器梯形图规定串联和并联的触点数是（　　）。

A. 有限的　　　　　B. 无限的　　　　　C. 最多 4 个　　　　　D. 最多 7 个

36. 在 FX2NPLC 中,(　　)是积算定时器。

A. T0　　　　　B. T100　　　　　C. T245　　　　　D. T255

37. 在 FX2NPLC 中,T0 的定时精度为(　　);T100 的定时精度为(　　);T200 的定时精度为(　　)。

A. 1 ms　　　　　B. 10 ms　　　　　C. 100 ms　　　　　D. 1 s

38. FX2N 可编程序控制器 DC 24 V 输出电源,可以为(　　)供电。

A. 电磁阀　　　　　B. 交流接触器　　　　　C. 负载　　　　　D. 光电传感器

39. 可编程序控制器(　　)使用锂电池作为后备电池。

A. EEPROM　　　　　B. ROM　　　　　C. RAM　　　　　D. 以上都是

40. FX2N 系列可编程序控制器中回路并联连接用(　　)指令;常开触点的串联用(　　)指令。

A. AND　　　　　B. ANI　　　　　C. ANB　　　　　D. ORB

41. PLC 梯形图编程时,输出继电器的线圈并联在(　　)。

A. 左端　　　　　B. 右端　　　　　C. 中间　　　　　D. 不限

42. FX2N 可编程序控制器并联常闭点用(　　)指令;输入常开点用(　　)指令。

A. LD　　　　　B. LDI　　　　　C. OR　　　　　D. ORI

43. 根据电机正反转梯形图,下列指令正确的是(　　)。

A. ORI Y002　　　　　B. LDI X001　　　　　C. ANDI X000　　　　　D. AND X002

44. 根据电动机顺序启动梯形图,下列指令正确的是(　　)。

A. ORI Y001　　　　　B. ANDI T20　　　　　C. AND X001　　　　　D. AND X002

45. 以下属于随机静态存储器的是(　　)。

A. RAM　　　　　B. ROM　　　　　C. EPROM　　　　　D. EEPOM

46. 在 FX2N PLC 中,M8000 线圈用户可以使用(　　)次。

A. 3　　　　　B. 2　　　　　C. 1　　　　　D. 0

47. PLC 控制程序,由( )部分构成。

A. 一 　　　　　　B. 二 　　　　　　C. 三 　　　　　　D. 无限

48. ( )不是 PLC 主机的技术性能范围。

A. 本机 I/O 接口数量 　　　　　　　　B. 高速计数输入个数

C. 高速脉冲输出 　　　　　　　　　　D. 按钮开关种类

49. PLC 程序检查包括( )。

A. 语法检查、线路检查、其他检查 　　　B. 代码检查、语法检查

C. 控制线路检查、语法检查 　　　　　D. 主回路检查、语法检查

50. ( )是 PLC 主机的技术性能范围。

A. 行程开关 　　　B. 光电传感器 　　　C. 温度传感器 　　　D. 内部标志位

51. 可编程序控制器的接地线截面一般大于( )mm^2。

A. 1 　　　　　　B. 1. 5 　　　　　　C. 2 　　　　　　D. 2. 5

52. PLC 在程序执行阶段,输入信号的改变会在( )扫描周期读入。

A. 下一个 　　　B. 当前 　　　　　　C. 下两个 　　　D. 下三个

53. FX 编程器的显示内容包括地址、数据、( )、指令执行情况和系统工作状态等。

A. 程序 　　　　B. 参数 　　　　　　C. 工作方式 　　　D. 位移储存器

54. FX2N PLC 的通信口是( )模式。

A. RS-232 　　　B. RS-485 　　　　　C. RS-422 　　　D. USB

55. FX2N 系列可编程序控制器光电耦合器有效输入电平形式是( )。

A. 高电平 　　　B. 低电平 　　　　　C. 高电平或低电平 　　D. 以上都是

56. PLC 外部环境检查,当湿度过大时应考虑装( )。

A. 风扇 　　　　B. 加热器 　　　　　C. 空调 　　　　　D. 除尘器

57. GX Developer PLC 编程软件可以对( )PLC 进行编程。

A. A 系列 　　　B. Q 系列 　　　　　C. FX 系列 　　　D. 以上都可以

58. 可编程控制器中描述的中间继电器是( )。

A. 低压电器中的中间继电器 　　　　　B. 热继电器

C. 时间继电器 　　　　　　　　　　　D. 寄存器存储位

59. 检查电源( )波动范围是否在 PLC 允许范围内,否则加交流稳压器。

A. 电压 　　　　B. 电流 　　　　　　C. 效率 　　　　　D. 频率

60. PLC 总体检查时,首先检查电源指示灯是否亮。如果不亮,则检查( )。

A. 电源电路 　　　　　　　　　　　　B. 异常情况发生

C. 熔丝完好否 　　　　　　　　　　　D. 输入与输出是否正常

61. FX2N 可编程序控制器继电器输出型,不可以( );FX2N 可编程序控制器如果是晶体管输出型,可以( )。

A. 输出高速脉冲 　　　　　　　　　　B. 直接驱动交流指示灯

C. 驱动额定电流下的交流负载 　　　　D. 驱动额定电流下的直流负载

62. PLC 存储器用来在其内部存储执行逻辑运算、( )和算术运算等操作指令。

A. 控制运算　　　　　　　　　　　　　　B. 统计、运算、计数

C. 数字运算、计时　　　　　　　　　　　D. 顺序控制、定时、计数

63. FX2N 可编程序控制器 DC 输入型,输入电压额定值为( )V。

A. AC 24　　　　　B. DC 24　　　　　C. AC 12　　　　　D. DC 36

64. PLC 输入/输出线和动力线等应分别放在上、下线槽中,线与线相距( )mm 以上。

A. 100　　　　　　B. 200　　　　　　C. 300　　　　　　D. 400

65. 在 PLC 通电后,第一个执行周期( )接通,用于计数器和移位寄存器等的初始化复位。

A. M8000　　　　　B. M8002　　　　　C. M8013　　　　　D. M8034

66. PLC 的组成部分不包括( )。

A. CPU　　　　　　B. 存储器　　　　　C. 外部传感器　　　D. I/O

67. 各种型号的 PLC 的编程软件是( )。

A. 用户自编的　　　B. 自带的　　　　　C. 不通用的　　　　D. 通用的

68. ( )不是 PLC 的特点。

A. 抗干扰能力强　　B. 编程方便　　　　C. 安装调试方便　　D. 功能单一

69. FX2N 系列可编程序控制器用户程序存储在( )中。

A. RAM　　　　　　B. ROM　　　　　　C. EEPROM　　　　D. 以上都有

70. 为避免程序和( )丢失,可编程序控制器装有锂电池,当锂电池电压降至相应的信号灯亮时,要及时更换电池。

A. 地址　　　　　　B. 序号　　　　　　C. 指令　　　　　　D. 数据

71. 可编程序控制器采用了一系列可靠性设计,如( )、掉电保护、故障诊断和信息保护及恢复等。

A. 简单设计　　　　B. 简化设计　　　　C. 冗余设计　　　　D. 功能设计

72. PLC 主机的基本 I/O 接口不可以直接连接( )。

A. 光电传感器　　　B. 行程开关　　　　C. 温度传感器　　　D. 按钮开关

73. 可编程序控制器由( )组成。

A. 输入部分、逻辑部分和输出部分　　　B. 输入部分和逻辑部分

C. 输入部分和输出部分　　　　　　　　D. 逻辑部分和输出部分

74. 当可编程序控制器处于运行状态时,( )接通。

A. M8000　　　　　B. M8002　　　　　C. M8013　　　　　D. M8034

75. 计算机对 PLC 进行程序下载时,需要使用配套的( )。

A. 网络线　　　　　B. 接地线　　　　　C. 电源线　　　　　D. 通信电缆

76. 在使用 GX Developer PLC 编程软件时,首先应该( )。

A. 编程　　　　　　B. 设置通信　　　　C. 选择 PLC 型号　　D. 以上顺序没要求

77. 可编程序控制器在硬件设计方面采用了一系列措施,如干扰的( )。

A. 屏蔽、隔离和滤波　　　　　　　　　　B. 屏蔽和滤波

C. 屏蔽和隔离　　　　　　　　　　　　　D. 隔离和滤波

78. 对于可编程序控制器电源干扰的抑制,一般采用隔离变压器和交流滤波器来解决,在某些场合还可以采用(　　)电源供电。

A. UPS　　　　　　　B. 直流发电机　　　　　C. 锂电池　　　　　　D. CPU

79. (　　)是 PLC 主机的技术性能范围。

A. 行程开关　　　　　B. 数据存储区　　　　　C. 温度传感器　　　　D. 光电传感器

80. FX2N 可编程序控制器继电器输出型,可以(　　)。

A. 输出高速脉冲　　　　　　　　　　　B. 直接驱动交流电动机

C. 驱动大功率负载　　　　　　　　　　D. 驱动额定电流下的交直流负载

二、判断题(将判断结果填在括号中,正确的填√,错误的填×)

(　　)1. PLC 控制的电动机自动往返线路中,交流接触器线圈电路中不需要使用触点硬件互锁。

(　　)2. PLC 通电前的检查,首先确认输入电源电压和相序。

(　　)3. 在一个 PLC 程序中,同一地址号的线圈可以多次使用。

(　　)4. PLC 梯形图编程时,多个输出继电器的线圈不能并联放在右端。

(　　)5. FX2N-40ER 表示 FX2N 系列基本单元,输入与输出总点数为40,继电器输出方式。

(　　)6. 可编程序控制器的工作过程是并行扫描工作过程,其工作过程分为三个阶段。

(　　)7. 可编程序控制器运行时,一个扫描周期主要包括三个阶段。

(　　)8. FX2N 系列可编程序控制器的地址是按十进制编制的。

(　　)9. FX2N 系列可编程序控制器的存储器包括 ROM 和 RAM 型。

(　　)10. FX2N 系列可编程序控制器采用光电耦合器输入,高电平时输入有效。

(　　)11. PLC 编程时,主程序可以有多个,子程序至少要有一个。

(　　)12. 高速脉冲输出不属于可编程序控制器的技术参数。

(　　)13. PLC 之所以具有较强的抗干扰能力,是因为 PLC 输入端采用了继电器输入方式。

(　　)14. 可编程序控制器具有复杂逻辑运算功能,而继电器控制不能够实现。

(　　)15. 用计算机对 PLC 进行编程时,各种 PLC 的编程软件是通用的。

(　　)16. FX 编程器键盘部分有单功能键和双功能键。

(　　)17. FX2N PLC 共有100个定时器,有4种输出类型。

(　　)18. FX2N 控制的电动机顺序启动,交流接触器线圈电路中需要使用触点硬件互锁。

(　　)19. PLC 不能应用于过程控制,PLC 可以进行运动控制。

(　　)20. 在计算机上对 PLC 编程,首先要选择 PLC 型号。

(　　)21. PLC 中输入和输出继电器的触点可使用无数次。

(　　)22. 可编程序控制器停止时,扫描工作过程即停止。

(　　)23. PLC 中辅助继电器、定时器、计数器的触点可使用多次。

(　　)24. LD 和 LDI 分别是 PLC 的常闭和常开触点指令,并且都是从输入公共线开始。

(　　)25.I/O 点数、用户存储器类型、容量等都属于可编程序控制器的技术参数。

(　　)26.把可编程序控制器作为下位机,与其上级的可编程序控制器或上位机进行通信,可以完成数据的处理和信息交换。

(　　)27.PLC 控制的电动机自动往返线路中,交流接触器线圈电路中需要使用触点硬件互锁。

(　　)28.进行 PLC 系统设计时,I/O 点数的选择应该略大于系统计算的点数。

第二部分 02

操作技能考试指导

　　操作技能考核采用现场操作、模拟操作等方式进行，主要考核拟从业人员从事本职业应具备的技能水平。考生在操作技能考核中违反操作规程或未达到该技能要求的，其技能考核成绩为不合格。本书将《标准》中要求的考核知识点整合划分成三章。操作技能考试题是从题库中抽取3道题。3道题的总成绩达60分(含)以上者为合格。

　　本部分中操作技能练习题是结合《标准》要求拟定的，考试时，考生要结合具体鉴定考点的要求进行相应的考试准备。

　　考试时，操作技能试卷由"准备通知单""试卷正文"和"评分记录表"三部分组成的，分别供考场、考生和考评员使用。考生在操作技能考核时，不但需要完成实际操作考核，而且还需要在试卷中完成相应题目的书写。

　　理论知识考试和操作技能考核均实行百分制，成绩皆达60分(含)以上者为合格。

第八章

继电控制电路装调维修

继电控制电路装调为重点内容,其中低压电器的选用为必考题,继电器、接触器线路装调和机床电气控制电路调试维修中选择 1 道题作为考试题。

技能目标

1. 能对多台三相交流笼型异步电动机顺序控制电路进行安装、调试。
2. 能对三相交流笼型异步电动机位置控制电路进行安装、调试。
3. 能对三相交流绕线式异步电动机启动控制电路进行安装、调试。
4. 能对三相交流异步电动机能耗制动、反接制动等制动电路进行安装、调试。
5. 能对 C6140 车床或类似难度的电气控制电路进行调试,对电路故障进行排除。
6. 能对 M7130 平面磨床或类似难度的电气控制电路进行调试,对电路故障进行排除。
7. 能对 Z37 摇臂钻床或类似难度的电气控制电路进行调试,对电路故障进行排除。

第一节　操作技能理论基础

一、线路安装与调试

(一)布线安装工艺要求

布线安装工艺要求如下:

(1)布线通道要尽可能少,同路并行导线按主、控电路分类集中,单层密排,紧贴安装面布线。

(2)同一平面的导线应高低一致、前后一致,不能交叉。非交叉不可时,该导线应在接线端子引出时水平架空跨越,并且必须走线合理。

(3)布线应横平竖直,分布均匀。变换走向时应垂直转向。

(4)布线时严禁损伤线芯和导线绝缘。

(5)布线一般以接触器为中心,按由里向外、由低至高,先控制电路,后主电路的顺序进行,以不妨碍后续布线为原则。

(6)在每根剥去绝缘层的导线两端套上编号管,导线中间不可有接头。

(7)导线与接线端子连接时,不可压绝缘层,不可反圈,不可露铜过长。

（8）同一元件、同一回路的不同接点的导线间距应一致。

（9）一个电气元件接线端子上的连接导线不得多于两根，每节接线端子板上的连接导线一般只允许连接一根。

（二）控制线路的安装步骤

控制线路的安装步骤如下：

（1）识读电路图，明确线路所用电气元件及其用途，熟悉线路的工作原理。

（2）根据电路图或元件明细表配齐电气元件，并进行质量检验。

（3）根据电气元件选配安装工具和控制板。

（4）根据电路图绘制布置图和接线图，然后按要求在控制板上安装电气元件。

（5）根据控制电动机容量选择主电路导线。控制电路导线一般采用 BV 1 mm^2 的铜芯线（红色）。

（6）按钮线一般采用 BVR 0.75 mm^2 的铜芯线（红色）；接地线一般采用截面积不小于 1.5 mm^2 的铜芯线（BVR 黄绿双色）。

（7）根据接线图布线，并在剥去绝缘层的两端装上与电路图编号一致的套管。

（8）安装电动机。

（9）连接电动机和所有电气元件金属外壳的保护接地线。

（10）连接电源、电动机等控制板外部的导线。

（11）自检与交验。

（12）通电试车。

二、线路故障检查与维修

（一）机床电气控制电路故障检修一般步骤和方法

机床电气控制电路机障检修一般步骤和方法如下：

（1）用试验法观察现象，初步判定故障范围。

（2）用逻辑分析法缩小故障范围。

（3）用测量法确定故障点。利用电工工具和仪表对线路进行测量。常用的方法有电压测量法和电阻测量法。

（4）根据故障点的不同情况，采用正确的维修方法排除故障。

（5）检修完毕，进行通电空载校验或局部空载校验。

（6）校验合格，通电正常运行。

（二）检修注意事项

机床电气控制电路检修注意事项如下：

（1）在排除故障的过程中，分析思路和排除方法要正确。

（2）用测电笔检测故障时，必须检查测电笔是否符合使用要求。

（3）不能随意更改线路或带电触摸电气元件。

（4）仪表使用要正确，以避免引起错误判断。

（5）带电检修故障时，必须有教师在现场监护，并要确保用电安全。

（6）排除故障必须在规定的时间内完成。

第二节　操作技能练习题

特别说明:【题目1】~【题目4】满足如下要求。

1.分　值

55 分。

2.考核时间

120 min。

3.考核形式

实操。

4.具体考核要求

(1)按照试题要求选择元件。

(2)元件布置合理,元件安装符合技术要求。

(3)接线正确,布置合理美观,接线牢固。

(4)调试方法正确,试运行步骤正确,试运行达到控制要求。

(5)检测考生对工具、仪表的使用能力;检测考生对电力拖动控制线路的安装及调试能力。

(6)安全文明生产。

5.否定项说明

若考生严重违反安全操作规程,造成人员伤害或设备损坏,则应及时终止其考试。考生该题成绩记为零分。

6.评分项目及标准(表8-1)

表8-1　继电器、接触器装调评分项目及标准

评分项目	评分要点	配分	评分标准
1.元件选择与工具仪表使用	选择错误一个元件。 正确使用工具。 正确使用万用表	10	工具使用不正确,每次扣2分。 本项配分扣完为止
2.安装布线	按照电气安装规范,依据电路图正确完成本次考核线路的安装和接线	15	电源线和负载不经接线端子排接线,每根导线扣1分。 电器安装不牢固、不平正,不符合设计及产品技术文件的要求,每项扣1分。 电动机外壳没有接零或接地,扣1分。 导线裸露部分没有加套绝缘,每处扣1分。 本项配分扣完为止
3.试运行	通电前检测设备。 通电试运行实现电路功能	20	通电运行发生短路和开路现象,扣10分。 通电运行异常,每项扣5分
4.安全文明生产	明确安全用电的主要内容。 操作过程符合文明生产要求	10	每处错误,扣1分。 未经考评员同意私自通电,扣3分。 损坏设备或仪器仪表,扣5分。 发生轻微触电事故,扣5分
合　　计		55	
否定项:若考生发生重大设备或人身事故,应及时终止其考试。考生该试题成绩记为零分			

【题目1】三相交流笼型异步电动机顺序控制电路的安装与调试(图8-1)

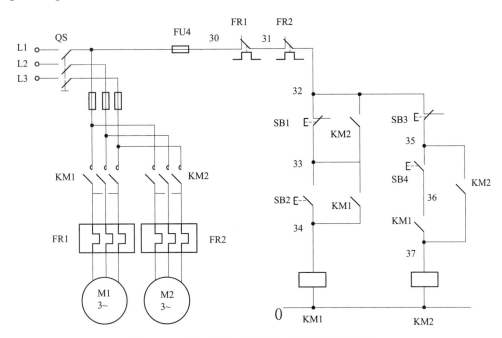

图8-1 三相交流笼型异步电动机顺序控制电路

【题目2】三相交流异步电动机反接制动电路进行的安装与调试(图5-15)

检修方法如下:

(1)合上断路器,判断整体电路是否有短路故障。将数字万用表拨至二极管挡或将指针式万用表拨至欧姆挡("×1k"挡),并将红、黑表笔分别接在三根相线中的任意两根,两相间应该是断开的,万用表显示为"1."为正常;如果万用表指示为"0",说明该两相存在短路故障,需要检查电路。

(2)找到控制电路相线。方法是将万用表一只表笔接热继电器FR常闭触点的输入端(95端),另一表笔分别接触三根相线,万用表显示数为"0"的那一相即是控制电路所用的相线。

(3)找到控制电路相线后,将万用表一只表笔接控制电路相线,另一表笔接零线,电路此时应该是断开的,万用表显示"1."为正常,到步骤(4)进行检查;如果万用表显示为"0",说明存在短路故障,需要检查电路,返回步骤(3)。

(4)保持两表笔位置不动,按下启动按钮SB2,如果万用表显示数值等于接触器线圈内阻(一般为400~600 Ω),说明正常,到步骤(5)继续检查;如果万用表显示"1.",说明KM1线圈电路断路;如果万用表显示"0",说明线圈电路短路,需要检修电路,返回步骤(4)。

(5)按住SB2别松,轻按SB1不到底,万用表显示数值从线圈内阻变为"1.",说明KM1线圈电路基本没有问题,如果依然显示线圈内阻,说明SB1常闭触点接触不良或接错线,再继续按下SB1,万用表重新显示线圈内阻,说明KM2线圈电路基本没有问题。如果万用表显示"1."说明KM2线圈电路断路;如果万用表显示"0"说明KM2线圈电路短路,需检修,检修后返回步骤(5)。

其他条支路无法使用万用表整体检查,可以尝试通电试车,发现故障后再进线分析检修。通电试车过程中,不管出现什么故障现象,必须关闭QF,切断电源后进行电路分析和检修。

【题目3】三相交流异步电动机能耗制动电路进行的安装与调试(图5-16)

检修方法同题目2。

【题目4】三相交流笼型异步电动机位置控制电路进行的安装与调试(图5-17)

检修方法如下:

(1)合上断路器,判断整体电路是否有短路故障。将数字万用表拨至二极管挡或将指针式万用表拨至欧姆挡("×1k"挡),并将红、黑表笔分别接在三根相线中的任意两根,两相间应该是断开的,万用表显示为"1."为正常;如果万用表指示为"0",说明该两相存在短路故障,需要检查电路。

(2)找到控制电路相线。方法是将万用表一只表笔接热继电器FR常闭触点的输入端(95端),另一表笔分别接触三根相线,万用表显示数为"0"的那一相即是控制电路所用的相线。

(3)找到控制电路相线后,将万用表一只表笔接控制电路相线,另一表笔接零线,电路此时应该是断的,万用表显示"1."为正常,到步骤(4)进行检查;如果万用表显示为"0",说明存在短路故障,需要检查电路,返回步骤(3)。

(4)保持两表笔位置不动,按下启动按钮SB2,如果万用表显示数值等于接触器线圈内阻(一般为400~600 Ω),说明正常,到步骤(5)继续检查;如果万用表显示"1.",说明KM1线圈电路断路;如果万用表显示"0",说明线圈电路短路,需要检修电路,返回步骤(4)。

(5)按住SB2或SQ2别松开,轻按SB1不到底,万用表显示数值从线圈内阻变为"1.",说明KM1线圈电路基本没有问题,如果依然显示线圈内阻,说明SB1常闭触点接触不良或接错线,需要检查电路,返回步骤(5)。

(6)保持两表笔位置不动,按下SB3或SQ1,如果万用表显示数值等于接触器线圈内阻,说明正常,到步骤(7)继续检查。如果万用表显示"1.",说明KM2线圈电路断路;如果万用表显示"0",说明线圈电路短路,需要检修电路,然后返回步骤(6)。

(7)按住SB3或SQ1别松,轻按SB1不到底,万用表显示数值从线圈内阻变为"1.",说明KM2线圈电路基本没有问题,如果依然显示线圈内阻,说明SB1常闭触点接触不良或接错线,需要检查电路,返回步骤(7)。

其他条支路无法使用万用表整体检查,可以尝试通电试车,发现故障后再进线分析检修。通电试车过程中,不管出现什么故障现象,必须关闭QF,切断电源后进行电路分析和检修。

【题目5】M7130平面磨床电气控制电路的维修(图5-21)

具体考核要求如下:

(1)检修M7130平面磨床电气控制电路故障,在其电气线路上,设置隐蔽故障3处,其中主电路1处(如主电路熔断器故障等),控制电路2处(如热继电器不复位、不自锁等),考场中各工位故障清单提供给考评员。

(2)使用工具和仪表,在不带电状态下查找故障点并在原理图上标注;排除故障,恢复电路功能并试运行。通电运行实现磨床电气控制电路的各项功能。

【题目6】C6140普通车床电气控制电路的维修(图5-22)

具体考核要求如下:

(1)检修C6140普通车床电气控制电路,检查电路故障,分析电路原理及排除故障点。排除3处故障,其中主电路1处,控制电路2处。

(2)使用工具和仪表,在不带电状态下查找故障点并在原理图上标注;排除故障,恢复电路功能;通电运行实现车床电气控制电路的各项功能。

（3）评分标准见表 8-2。

表 8-2　机床电气控制线路评分项目及标准

评分项目	评分要点	配分	评分标准
1. 工具与仪表的使用	正确使用工具。 正确使用万用表	10	工具使用不正确，每次扣 2 分。 本项配分扣完为止
2. 故障查找	找出故障点，在原理图上标注	10	错标或漏标故障点，每处扣 5 分。 本项配分扣完为止
3. 故障排除	排除电路各处故障	10	没少排除 1 处故障点，扣 5 分。 排除故障时产生新的故障后不能自行修复，扣 5 分。 本项配分扣完为止
4. 通电运行	通电前检测设备。 通电试运行实现电路功能	15	通电运行发生短路和开路现象，扣 10 分。 通电运行异常，每项扣 5 分。 本项配分扣完为止
5. 安全文明生产	明确安全用电的主要内容。 操作过程符合文明生产要求	10	每处错误，扣 1 分。 未经考评员同意私自通电，扣 3 分。 损坏设备或仪器仪表，扣 5 分。 发生轻微触电事故，扣 5 分
合　计		55	
否定项：若考生发生重大设备或人身事故，应及时终止其考试。考生该试题成绩记为零分			

【题目 7】 Z37 摇臂钻床电气控制电路的维修（图 5-23）

具体考核要求如下：

（1）检修 Z37 型摇臂钻床电气控制电路故障，在其电气线路上，设置隐蔽故障 3 处，其中主电路 1 处，控制电路 2 处，考场中各工位故障清单提供给考评员。

（2）使用工具和仪表，在不带电状态下查找故障点并在原理图上标注；排除故障，恢复电路功能并试运行。通电运行实现钻床电气控制电路的各项功能。

第九章

电气设备与自动控制电路装调维修

技能目标

1. 能根据 PLC 控制电路接线图连接 PLC 及其外围线路。

2. 能使用编程软件从可编程控制器中读写程序。

3. 能使用可编程控制器的基本指令编写、修改三相异步电动机正反转、丫—△启动、三台电动机顺序启停等基本控制电路的控制程序。

4. 能识别软启动器操作面板、电源输入端、电源输出端、电源控制端。

5. 能判断、排除软启动器故障。

第一节　操作技能理论基础

PLC 控制电路装调和软启动器的控制电路装调中选择 1 道题作为考试题。

一、软启动器

(一)软启动器参数调试与设定

(1)大多数软启动器可调初始电压,由于初始电压决定初始转矩,一般根据负载转矩设定初始电压。若初始电压设置太低,则无法启动或启动时间过长;若初始电压设置太高,则启动时会造成机械冲击,并且启动电流过大。空载启动,设置初始电压为额定电压的 10% ~ 15% ;中载及重载启动,可设置初始电压为额定电压的 40% ~ 70%。

(2)启动时间及停车时间设置。启动时间多设置在 10 s 左右,停车时间多设置在 20 s 之内。

(3)其他参数设置。有的软启动器可设置启动力矩曲线,用调节电压的方式,使转矩按设定的力矩曲线启动及停车;有的软启动器有启动电流限制的设置,调整电流为 10% ~ 50% 额定启动电流;软启动器内有电子过载保护,根据负载性质可调脱扣器等级为 10 A、20 A 或 30 A。

(二)软启动器维护

(1)平时注意检查软启动器的使用环境条件,防止其在超过允许的环境条件下运行。注意检查软启动器周围是否有妨碍其通风散热的物体,确保软启动器四周有足够的空间。

(2)定期检查接线端子是否松动,柜内元件是否过热、变色、有焦臭味。

(3)定期清扫灰尘,以免影响散热,防止晶闸管因温度升高而损坏,同时也可避免因积尘引起的漏电和短路事故。清扫灰尘可用干燥的毛刷,也可以用吸尘器。对于大块污垢,可用绝缘棒去除。

(4)平时注意观察风机的运行情况,一旦发现风机转速慢或异常,应及时修理,如清除油垢、积尘,加润滑油,更换损坏的电容器。对损坏的风机要及时更换,如果在没有风机的情况下使用软启动器,会损坏晶闸管。

(5)如果软启动器使用环境较潮湿或易结露,应经常用红外灯泡或电吹风烘干,驱除潮气,以免有漏电和短路事故的发生。

二、PLC 系统设计

(一)分析被控对象并提出控制要求

首先明确控制对象需要实现的动作与功能,然后详细分析被控对象的工艺过程及工作特点,了解被控对象机、电、液之间的配合,提出被控对象对 PLC 控制系统的控制要求,确定控制方案。

(二)分配 PLC 的 I/O

根据系统的控制要求,确定系统所需的全部输入设备和输出设备,从而确定与 PLC 有关的输入/输出设备,以确定 PLC 的 I/O 点数,进行 I/O 分配,画出 PLC 的 I/O 点与输入/输出设备的连接图或对应关系表。PLC 接线示意如图 9-1 所示。

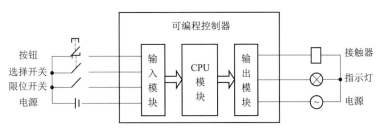

图 9-1　PLC 接线示意图

(三)硬件配置

根据要求确定系统配置,选择 PLC 型号、规格;确定 I/O 模块的数量和规格;判断是否选择特殊功能模块,是否选择人机界面、伺服、变频器等。

(四)设计 PLC 外围硬件线路

根据总体方案完成电气原理图,包括主电路、PLC 的 I/O 连接图和 PLC 外围电气线路图等。

(五)程序设计

1. 程序设计

程序设计应根据确定的总体方案及完成的电气原理图,按照分配好的 I/O 地址,编写可实现控制要求与功能的 PLC 用户程序。要以满足系统控制要求为主线,逐一编写实现各控制功能或各子任务的程序,逐步完善系统指定的功能。

2. 程序模拟调试

在程序设计完成之后,一般应通过 PLC 编程软件自带的自诊断功能对 PLC 程序进行基本的检查,排除程序中的错误。在有条件的情况下,应该通过必要的模拟仿真手段,对程序进行模拟与仿真试验。

（六）系统调试

PLC 的系统调试是检查、优化 PLC 控制系统硬件、软件设计，提高控制系统安全可靠性的重要步骤。现场调试应在完成控制系统的安装、连接、用户程序编制后，按照调试前的检查、硬件测试、软件测试、空运行试验、可靠性试验、实际运行试验等规定的步骤进行。

（七）整理和编写技术文件

最后，进行技术文件的整理和编写。

第二节　操作技能练习题

【题目1】三相交流异步电动机软启动器控制装调

按照电气安装规范，依据图9-2正确完成软启动器线路的安装和接线。

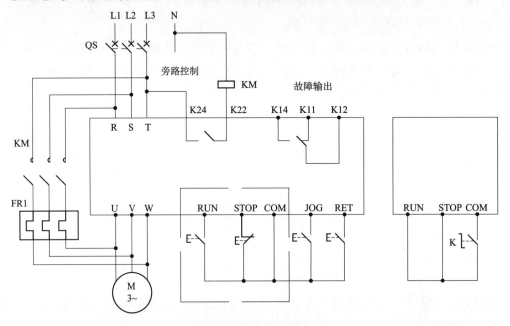

图 9-2　软启动器线路图

正确设置软启动器的参数，要求软启动器如图9-3所示，以限流方式启动，启动电流限制在 $2.5\% I$ 以下，限流启动时间为 20 s，停止设定为键盘和外控方式。通电试运行。

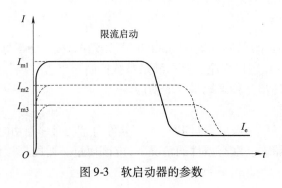

图 9-3　软启动器的参数

（一）考核要求

熟悉电气控制线路的分析和设计方法；掌握电工基本工具和仪表的使用方法；掌握软启动器的使用。

（二）准备工作

电工工具、万用表、兆欧表、钳形电流表、三相异步电动机、软启动器、配线板、组合开关、交流接触器、熔断器、热继电器、按钮、导线、号码管和线槽。

（三）考核时限

完成本题操作基本时间为 90 min；每超过 5 min 从本题总分中扣除 2 分。

（四）评分项目及标准（表 9-1）

表 9-1　常见电力电子装置维护评分项目及标准

评分项目	评分要点	配分	评分标准
1. 工具仪表使用	正确使用工具。 正确使用万用表	5	工具使用不正确每次扣 2 分 本项配分扣完为止
2. 安装布线	按照电气安装规范，依据电路图正确完成本次考核线路的安装和接线	15	电源线和负载不经接线端子排接线，每根导线扣 1 分。 电器安装不牢固、不平正，不符合设计及产品技术文件的要求，每项扣 1 分。 电动机外壳没有接零或接地，扣 1 分。 导线裸露部分没有加套绝缘，每处扣 1 分。 本项配分扣完为止
3. 试运行	通电前检测设备。 通电试运行实现电路功能	5	通电运行发生短路和开路现象，扣 5 分。 通电运行异常，每项扣 5 分
4. 安全文明生产	明确安全用电的主要内容。 操作过程符合文明生产要求	5	每处错误，扣 1 分。 未经考评员同意私自通电，扣 3 分。 损坏设备或仪器仪表，扣 5 分。 发生轻微触电事故，扣 5 分
合　　计		30	
否定项：若考生发生重大设备或人身事故，应及时终止其考试。考生该试题成绩记为零分			

【题目 2】 PLC 控制三相交流异步电动机位置控制系统装调

工作台运动如图 9-4 所示，某工作台由一台三相异步电动机拖动，启动后由 SQ2 向 SQ1 前进，当前进到 SQ1 时返回，返回到 SQ2 时前进，往复运动 5 次。SQ3、SQ4 为限位点，当工作台压下 SQ3 或 SQ4 时，工作台立即停止。当按下停止按钮时，工作台立即停止。

按照电气安装规范，依据绘制的主电路和 I/O 接线图，正确完成 PLC 控制工作台自动往返线路的安装和接线；正确编制程序并输入 PLC 中，通电试运行。

（一）考核要求

熟悉电气控制线路的分析和设计方法；掌握电工基本工具和仪表的使用方法；掌握 PLC 的使用。

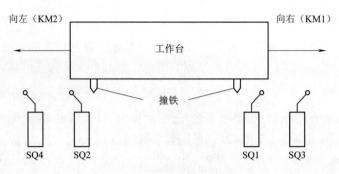

图 9-4 工作台运动示意图

(二)准备工作

电工工具、万用表、兆欧表、钳形电流表、三相异步电动机、PLC、电脑、下载线、配线板、组合开关、交流接触器、熔断器、热继电器、按钮、行程开关、导线、号码管、线槽。

(三)考核时限

完成本题操作基本时间为 90 min;每超过 5 min 从本题总分中扣除 2 分。

(四)笔试部分

(1)依据控制要求,在答题纸上正确绘制主电路和 PLC 的 I/O(输入/输出)口接线图,并设计 PLC 梯形图。

(2)笔试部分答题纸。

(3)主电路和 PLC 接线图。

(4) PLC 梯形图。

(五)评分项目及标准(表 9-2)

表 9-2　PLC 控制电路装调评分项目及标准

评分项目	评分要点	配分	评分标准
1. 工具仪表使用	正确使用工具。 正确使用万用表	5	工具使用不正确,每次扣 2 分。 本项配分扣完为止
2. 安装布线	按照电气安装规范,依据电路图正确完成本次考核线路的安装和接线	5	电源线和负载不经接线端子排接线,每根导线扣 1 分。 电器安装不牢固、不平正,不符合设计及产品技术文件的要求,每项扣 1 分。 电动机外壳没有接零或接地,扣 1 分。 导线裸露部分没有加套绝缘,每处扣 1 分。 本项配分扣完为止
3. 试运行	通电前检测设备。 通电试运行实现控制功能	10	通电运行发生短路和开路现象,扣 5 分 未实现控制功能,每项扣 2 分 本项配分扣完为止

评分项目	评分要点	配分	评分标准
4. 安全文明生产	明确安全用电的主要内容 操作过程符合文明生产要求	5	每处错误,扣1分。 未经考评员同意私自通电,扣3分。 损坏设备或仪器仪表,扣5分。 发生轻微触电事故,扣5分
合　　计			30
否定项:若考生发生重大设备或人身事故,应及时终止其考试。考生该试题成绩记为零分			

第十章
基本电子电路装调维修

1. 能为调光调速电路选用晶闸管。
2. 能对 78、79 等系列集成电路进行安装、调试、故障排除。
3. 能对阻容耦合放大电路装调维修电路进行安装、调试、故障排除。
4. 能对单相晶闸管整流电路进行安装、调试、故障排除。

第一节　操作技能理论基础

电子电路装调维修为必考题,从题库中抽取 1 道题作为考试题,其中仪器仪表的选用和电子元器件的选用为二选一抽考。

一、电路及元件的测量

(一)电容的测量

1. 测量步骤

将电容两端短接,对电容进行放电,确保数字式万用表的安全。将转盘拨到电容 F 测量挡,并选择合适的量程。将电容插入万用表 CX 插孔,读出 LCD 显示屏上的数字。

2. 注意事项

测量前、后电容都需要放电。仪器本身已对电容挡设置了保护,故在电容测试过程中不用考虑极性。测量电容时,将电容插入专用的电容测试座中(或用相应的表笔插孔)。测量大电容时稳定读数需要一定的时间。

(二)二极管的测量

1. 测量步骤

红表笔插入 VΩ 孔,黑表笔插入 COM 孔,转盘拨到二极管挡,判断正负,红表笔接二极管正极,黑表笔接二极管负极,读出 LCD 显示屏上的数据。两表笔换位,若显示溢出符号(不同数字式万用表显示有所不同,为"0L"或"1"),表示正常;否则,此管被击穿。

2. 注意事项

二极管测量时要对调表笔测量两次。若一次显示溢出符号,另一次显示零点几的数字,表

154

明此二极管是一个正常的二极管;否则,此二极管已经损坏。LCD 上显示的一个数字即是二极管的正向压降:硅材料为 0.6 V 左右;锗材料为 0.2 V 左右。根据二极管的特性,可以判断此时红表笔接的是二极管的正极,黑表笔接的是二极管的负极。

(三)三极管的测量

1. 测量步骤

红表笔插入 VΩ 孔,黑表笔插入 COM 孔。转盘拨到二极管挡,找出三极管的基极 b,判断三极管的类型(PNP 或者 NPN)。转盘拨到 h_{FE} 挡,根据类型插入 PNP 或 NPN 插孔测量 β,读出显示屏上的 β 值。

2. 注意事项

(1)表笔插孔和测量原理同二极管。先假定 A 脚为基极,用黑表笔与 A 脚相接、红表笔与其他两脚分别接触。若两次读数均为 0.7 V 左右,再用红表笔接 A 脚,黑笔依次接触其他两脚。若均显示溢出符号,则进一步验证 A 脚为基极,否则需要重新测量,直至判断出基极。在判断出基极的同时也判断出此管为 PNP 管。同理可判别 NPN 管及其基极。

(2)集电极和发射极可以在明确了三极管管型后利用 h_{FE} 挡来判断。先将挡位拨到 h_{FE} 挡、将基极插入对应管型 b 孔,其余两脚分别插入 ce 孔,此时可以读取数值,即 β 值;再固定基极,对调其余两脚,比较两次 β 值的读数,数值较大时的测量位置即为其余两管脚的对应位置。

(四)晶闸管的测量

1. 测量步骤

红表笔插入 V 孔,黑表笔插入 COM 孔,转盘拨到二极管挡。

2. 注意事项

(1)将数字式万用表置于二极管挡,红表笔接任意某个引脚,用黑表笔依次接触另外两个引脚,如果在两次测试中,一次显示值小于 1 V,另一次显示溢出符号,则表明红表笔接的引脚不是阴极 K(单向晶闸管)就是主电极 T2(双向晶闸管)。

(2)若红表笔接任意一个引脚,黑表笔接第二个引脚时显示的数值为 0.6 ~ 0.8 V,黑表笔接第三个引脚时显示溢出符号,且红表笔所接的引脚与黑表笔所接的第二个引脚对调时,显示的数值由 0.6 ~ 0.8 V 变为溢出符号,就可判定该晶闸管为单向晶闸管,此时红表笔所接的引脚是控制极,第二个引脚是阴极 K,第三个引脚为阳极 A。

(3)若红表笔接任意一个引脚,黑表笔接第二个引脚时显示的数值为 0.2 ~ 0.6 V,黑表笔接第三个引脚时显示溢出符号,且红表笔所接的引脚与黑表笔所接的第二个引脚对调时,显示的数值固定为 0.2 ~ 0.6 V,就可判定该管为双向晶闸管,此时红表笔所接的引脚是主电极 T1,第二个引脚为控制极,第三个引脚是主电极 T2。

二、手工焊接

(一)手工焊接的注意事项

手工焊接技术是一项基本功,必须通过学习和实践才能熟练掌握。

1. 掌握正确的手握电烙铁的姿势

一般情况下,电烙铁到鼻子的距离应不小于 20 cm,通常以 30 cm 为宜。手握电烙铁的方法如图 10-1 所示。

（1）反握法。适合大功率电烙铁的操作,动作稳定,长时间操作不易疲劳。

（2）正握法。适合中功率电烙铁或带弯头电烙铁的操作。

（3）握笔法。一般印制电路板的焊接多采用握笔法。

2. 焊锡丝的拿法

焊锡丝一般有两种拿法,如图 10-2 所示。

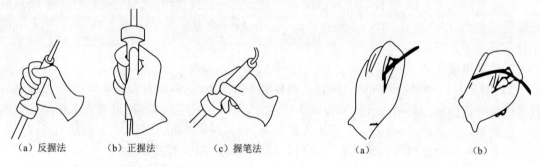

（a）反握法　　　（b）正握法　　　（c）握笔法　　　　　　　（a）　　　　　　　（b）

图 10-1　手握电烙铁的方法　　　　　　　　　图 10-2　焊锡丝的拿法

3. 电烙铁使用注意事项

电烙铁使用完毕后,一定要稳妥地插放在烙铁架上,并注意避免导线等其他杂物碰到烙铁头,以免烫伤导线,造成漏电等事故。

（二）手工焊接的基本步骤

掌握好电烙铁的温度和焊接时间,选择恰当的烙铁头和焊点的接触位置,才可能得到良好的焊点。正确的手工焊接操作过程可以分成 5 个步骤,如图 10-3 所示。

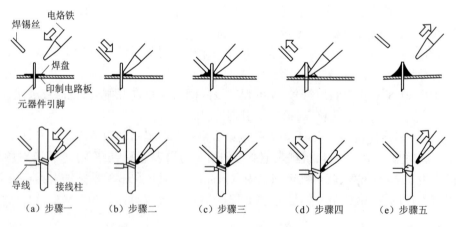

（a）步骤一　　　（b）步骤二　　　（c）步骤三　　　（d）步骤四　　　（e）步骤五

图 10-3　手工焊接操作步骤

1. 步骤一:准备施焊

如图 10-3(a)所示,左手拿焊丝,右手握电烙铁,进入备焊状态。要求烙铁头保持干净,无焊渣等氧化物,并在表面镀有一层焊锡。

2. 步骤二:加热焊件

如图 10-3(b)所示,烙铁头靠在两焊件的连接处,加热整个焊件,时间为 1 ~ 2 s。在印制电路板上焊接元器件时,要注意使烙铁头同时接触两个被焊接物。

3. 步骤三:送入焊丝

如图 10-3(c)所示,焊件的焊接面被加热到一定温度时,焊锡丝从电烙铁对面接触焊件。注意:不要把焊锡丝送到烙铁头上。

4. 步骤四:移开焊丝

如图 10-3(d)所示,当焊丝熔化一定量后,立即向左上 45°方向移开焊丝。

5. 步骤五:移开烙铁

如图 10-3(e)所示,焊锡浸润焊盘和焊件的施焊部位以向右上 45°方向移开电烙铁,结束焊接从步骤三开始到步骤五结束,时间为 1~2 s。

(三)手工焊接操作的具体手法

保持烙铁头的清洁,靠增加接触面积来加快传热,加热要靠焊锡桥,烙铁撤离有讲究,在焊锡凝固之前切勿使焊件移动或振动,焊锡用量要适中,焊锡丝的直径有多种规格,要根据焊点的大小选用,一般焊锡丝的直径要略小于焊盘的直径,焊剂用量要适中,适量的助焊剂对焊接有利。日前,印制电路板在出厂前大多进行过松香水喷涂处理,无须再加助焊剂。不要使用烙铁头作为运送焊锡的工具。

(四)部分电子元器件焊接的工艺要求

1. 电阻器焊接

依照电路原理图将电阻器正确装入规定位置。要求色环标记向上,朝向一致。装完同一种规格后再装另一种规格,尽量使电阻器的高低一致,一般距离电路板 3~5 mm 或贴焊,焊完后将露在印制电路板表面的多余引脚齐根剪断。

2. 电容器焊接

依照电路原理图将电容器按要求装入规定位置,注意有极性电容器不能接错,电容器上的标记要容易被看到。先装玻璃釉电容器、有机介质电容器、瓷介电容器,再装电解电容器。

3. 二极管焊接

二极管焊接要留意极性,不能装错;型号标记要容易被看到。

4. 三极管焊接

e、b、c 三个引脚位置应插接正确;焊接时间尽可能短,焊接时可用镊子夹住管脚,以利于散热。

(五)手工焊接的工具及焊接顺序

手工焊接的工具包括电烙铁、铬铁架、焊丝、尖嘴钳等。元器件装焊顺序依次为电阻器、电容器、二极管、三极管、集成电路、大功率管,其他元器件按先小后大的顺序装焊。

第二节　操作技能练习题

【题目1】LM317 三端可调式正压输出稳压集成电路的测量与维修

LM317 三端可调式正压输出稳压集成电路原理如图 10-4 所示。

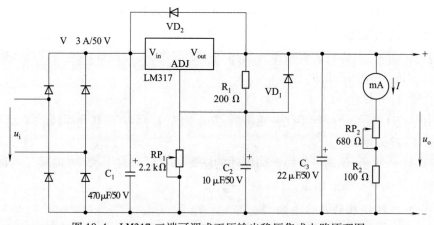

图 10-4　LM317 三端可调式正压输出稳压集成电路原理图

按照图 10-4 及电子焊接工艺要求,将各器件安装在印制电路板上。通电试运行,调节 RP_2,测输出电压的变化范围。

（一）考核要求

熟悉电子电路的识读;掌握电工基本工具和仪表的使用方法;掌握电子元件检测和电路检修技能。

（二）准备工作

电工工具、万用表、焊接工具、直流稳压电源、信号发生器、示波器 LM317 稳压集成电路的电路板及电路图。

（三）考核时限

完成本题操作基本时间为 120 min;每超过 5 min 从本题总分中扣除 2 分。

（四）笔试部分

1. 正确识图。标注整流桥输出端的正负极性。
2. 正确使用工具。简述电烙铁的使用注意事项。
3. 正确使用仪表。简述使用万用表检测无标志二极管的方法。
4. 安全文明生产。合闸后可送电到作业地点的刀闸操作把手上应悬挂写有什么文字的标示牌?

【题目 2】单向晶闸管调光电路的测量和维修

单向晶闸管调光电路原理如图 10-5 所示。

排除 3 处故障,其中线路故障 1 处,器件故障 2 处。在不带电状态下查找故障点并在原理图上标注;排除故障,恢复电路功能;通电运行,实现电路的各项功能。

（一）考核要求

熟悉电子电路的识读;掌握电工基本工具和仪表的使用方法;掌握电子元件检测和电路检修技能。根据试题故障现象,依据电路图进行分析,确定故障范围。利用仪器仪表检查出故障点,并排除故障。

（二）准备工作

电工工具、万用表、焊接工具、直流稳压电源、信号发生器、示波器、双向晶闸管调光电路的电路板及电路图。

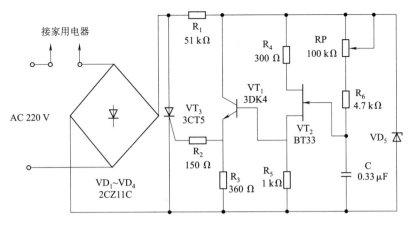

图 10-5 单向晶闸管调光电路原理图

（三）考核时限

完成本题操作基本时间为 120 min；每超过 5 min 从本题总分中扣除 2 分。

（四）笔试部分

1. 正确识图。电位器 RP 变大时，灯泡的亮度如何变化？

2. 正确使用工具。简述剥线钳的使用方法。

3. 正确使用仪表。简述兆欧表的使用方法。

4. 安全文明生产。简述电气安全用具的使用注意事项。

【题目3】两级阻容耦合放大电路的安装与调试

两级阻容耦合放大电路原理如图 10-6 所示。

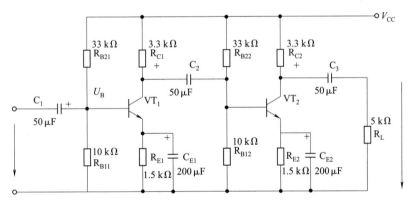

图 10-6 两级阻容耦合放大电路原理图

按照电路图 10-6 及电子焊接工艺要求，将各元器件安装在印制电路板上。通电试运行，用示波器测出输入电压和各级输出电压的波形。

（一）考核要求

熟悉电子电路的识读；掌握电工基本工具和仪表的使用方法；掌握电子元器件检测、安装和电路调试技能。

(二)准备工作

电工工具、万用表、焊接工具、直流稳压电源、信号发生器、示波器、电路板及两级阻容耦合放大电路套件。

(三)考核时限

本题操作基本时间为 120 min;每超过 5 min 从本题总分中扣除 2 分。

(四)笔试部分

1. 正确识图。写出下列文字符号的名称:

VT_1 ( )、VT_2 ( )、C_1 ( )R_{C_1} ( )、R_L ( )。

2. 正确使用工具。简述电烙铁的使用注意事项。

3. 正确使用仪表。简述使用万用表检测无标志二极管的方法。

4. 安全文明生产。合闸后可送电到作业地点的刀闸操作把手上应悬挂写有什么文字的标示牌?

说明:本章这 3 道题目的评分项目和标准都是一样的,见表 10-1。

表 10-1 基本电子电路装调维修评分项目及标准

评分项目	评分要点	配分	评分标准
1. 识图	正确识图。 正确回答笔试问题	2	每处错误扣 1 分。 本项配分扣完为止
2. 工具与仪表的使用	正确使用工具与仪表。 正确回答笔试问题	2	工具或仪表使用不正确,每次扣 2 分。 每处错误扣 1 分。 本项配分扣完为止
3. 安装布线	按照电子焊接工艺要求,依据电路图正确完成本次考核线路的安装与接线	5	不按图组装接线,每处扣 1 分。 元器件组装不牢固或焊接点接触不良,每处扣 1 分。 元器件偏斜或焊点不圆滑,每个扣 0.5 分。 元器件引线高出焊点 1 mm 以上,每处扣 1 分 本项配分扣完为止
4. 试运行	通电前检测设备。 通电试运行实现电路功能	3	通电运行发生短路和开路现象,扣 10 分。 通电运行异常,每项扣 5 分
5. 安全文明生产	明确安全用电的主要内容。 操作过程符合文明生产要求	3	未经考评员同意私自通电,扣 3 分。 损坏设备或仪器仪表,扣 5 分。 发生轻微触电事故,扣 5 分
合 计			15
否定项:若考生发生重大设备和人身事故,应及时终止其考试,考生该试题成绩记为零分			

03

第三部分

模拟试卷

理论考核模拟试卷

一、单项选择题(每题 1 分,满分 80 分)。

1. 勤劳节俭的现代意义在于(　　　)。

A. 勤劳节俭是促进经济和社会发展的重要手段

B. 勤劳是现代市场经济需要的,而节俭则不宜提倡

C. 节俭阻碍消费,因而会阻碍市场经济的发展

D. 勤劳节俭只有利于节省资源,但与提高生产效率无关

2. 磁性开关在使用时要注意(　　　)与干簧管之间的有效距离在 10 mm 左右。

A. 干簧管　　　　　B. 磁铁　　　　　C. 触点　　　　　D. 外壳

3. (　　　)的电阻首尾依次相连,中间无分支的联结方式叫电阻的串联。

A. 两个或两个以上　B. 两个　　　　　C. 两个以上　　　　D. 一个或一个以上

4. (　　　)的作用是实现能量的传输和转换、信号的传递和处理。

A. 电源　　　　　　B. 非电能　　　　C. 电路　　　　　D. 电能

5. 三相异步电动机反接制动时,(　　　)绕组中通入相序接反的三相交流电。

A. 补偿　　　　　　B. 励磁　　　　　C. 定子　　　　　D. 转子

6. 游标卡尺测量前应清理干净,并将两量爪(　　　),检查游标卡尺的精度情况。

A. 合并　　　　　　B. 对齐　　　　　C. 分开　　　　　D. 错开

7. 直流电动机的转子由电枢铁芯、电枢绕组、(　　　)、转轴等组成

A. 接线盒　　　　　B. 换向极　　　　C. 主磁极　　　　D. 换向器

8. 压力继电器选用时首先要考虑所测对象的压力范围,还要符合电路中的(　　　),接口管径的大小。

A. 功率因数　　　　B. 额定电压　　　C. 电阻率　　　　D 相位差

9. 变压器是将一种交流电转换成(　　　)的另一种交流电的静止设备。

A. 同频率　　　　　B. 不同频率　　　C. 同功率　　　　D. 不同功率

10. M7130 平面磨床中,电磁吸盘 YH 工作后,(　　　)和工作台才能进行磨削工作。

A. 液压泵电动机　　B. 砂轮电动机　　C. 压力继电器　　　D. 照明变压器

11. 当直导体和磁场垂直时,电磁力与直导体在磁场中的有效长度、所在位置的磁感应强度成(　　　)。

A. 相等　　　　　　B. 相反　　　　　C. 正比　　　　　D. 反比

12. 职业道德与人的事业的关系是(　　　)。

A. 有职业道德的人一定能够获得事业成功

B. 没有职业道德的人不会获得成功

C. 事业成功的人往往具有较高的职业道德

D. 缺乏职业道德的人往往更容易获得成功

13. 绕线式异步电动机转子串电阻启动时,随着转速的升高,要逐渐(　　　)。

A. 增大电阻　　　　B. 减小电阻　　　C. 串入电阻　　　　D. 串入电感

14. 一含源二端网络,测得开路电压 100 V,短路电流 10 A,当外接 10 Ω 负载电阻时负载电流为(   )。

A. 10 A   B. 5 A   C. 20 A   D. 2 A

15. 中间继电器的选用依据是控制电路的电压等级、(   )、所需触点的数量和容量等。

A. 电流类型   B. 短路电流   C. 阻抗大小   D. 绝缘等级

16. 直流电动机按照励磁方式可分他励、并励、(   )和复励四类。

A. 电励   B. 混励   C. 串励   D. 自励

17. 三相异步电动机电源反接制动时需要在定子回路中串入(   )。

A. 限流开关   B. 限流电阻   C. 限流二极管   D. 限流三极管

18. 仪表的准确度等级即发生的(   )与仪表的额定值的百分比。

A. 相对误差   B. 最大绝对误差   C. 引用误差   D. 疏失误差

19. 当检测体为金属材料时,应选用(   )接近开关。

A. 高频振荡型   B. 电容型   C. 电阻型   D. 阻抗型

20. 正弦交流电压 $u = 100\sin(628t + 60°)$ V,它的频率为(   )。

A. 100 Hz   B. 50 Hz   C. 60 Hz   D. 628 Hz

21. 电线管配线直线部分,每(   )m 应安装接线盒。

A. 50   B. 40   C. 30   D. 20

22. 下列故障原因中(   )会导致直流电动机不能启动。

A. 电源电压过高   B. 电刷接触不良

C. 电刷架位置不对   D. 励磁回路电阻过大

23. 数字兆欧表适用于测量各种(   )的电阻值及变压器、电机、电缆及电器设备等的绝缘电阻。

A. 金属材料   B. 导线   C. 绝缘材料   D. 元器件

24. 常用的裸导线有铜绞线、(   )和钢芯铝绞线。

A. 钨丝   B. 焊锡丝   C. 铝绞线   D. 钢丝

25. 选用接近开关时应注意对工作电压、(   )、响应频率、检测距离等各项指标的要求。

A. 工作速度   B. 工作频率   C. 负载电流   D. 工作功率

26. M7130 平面磨床的主电路中有(   )电动机。

A. 三台   B. 两台   C. 一台   D. 四台

27. M7130 平面磨床,砂轮电动机和液压泵电动机都采用了(   )正转控制电路。

A. 接触器自锁   B. 按钮互锁   C. 接触器互锁   D. 时间继电器

28. CA6140 型车床的主轴电机是(   )。

A. 三相笼型异步电动机   B. 三相绕线转子异步电动机

C. 直流电动机   D. 双速电动机

29. 可编程控制器采用大规模集成电路构成的微处理器和(   )来组成逻辑部分。

A. 运算器   B. 控制器   C. 存储器   D. 累加器

30. 将程序写入可编程序控制器时,首先将(   )清零。

A. 存储器   B. 计数器   C. 计时器   D. 计算器

31. 对于可编程序控制器电源干扰的抑制,一般采用隔离变压器和( )来解决。

　　A. 直流滤波器　　　　B. 交流滤波器　　　　C. 直流发电机　　　　D. 交流整流器

32. 磁性开关用于强酸强碱场所时应选( )的器件。

　　A. PP、PVDF 材质　　B. 金属材质　　　　　C. 多层纸质　　　　　D. 晶体材质

33. 在交流调压电路中,多采用( )作为可控元件。

　　A. 普通晶闸管　　　　B. 双向晶闸管　　　　C. 大功率晶闸管　　　D. 单结晶体管

34. 高频振荡电感型接近开关的感应头附近有金属物体接近时,接近开关( )。

　　A. 涡流损耗减少　　　B. 无信号输出　　　　C. 振荡电路工作　　　D. 振荡减弱或停止

35. FX 编程器的显示内容包括地址、数据、工作方式、( )情况和系统工作状态等。

　　A. 位移储存器　　　　B. 参数　　　　　　　C. 程序　　　　　　　D. 指令执行

36. 软启动器的功能调节参数有:( )、启动参数、停车参数。

　　A. 运行参数　　　　　B. 电阻参数　　　　　C. 电子参数　　　　　D. 电源参数

37. 各种绝缘材料的( )的各种指标是抗张、抗压、抗弯、抗剪、抗撕、抗冲击等各种强度指标。

　　A. 接绝缘电阻　　　　B. 击穿强度　　　　　C. 机械强度　　　　　D. 耐热性

38. 对于每个职工来说,质量管理的主要内容有岗位的( )、质量目标、质量保证措施和质量责任等。

　　A. 信息反馈　　　　　B. 质量水平　　　　　C. 质量记录　　　　　D. 质量要求

39. 劳动者的基本权利包括( )等。

　　A. 完成劳动任务　　　　　　　　　　　　　B. 提高职业技能

　　C. 执行劳动安全卫生规程　　　　　　　　　D. 获得劳动报酬

40. 单相半波可控整流电路电阻性负载,控制角 α 的移相范围是( )。

　　A. 0°～45°　　　　　B. 0°～90°　　　　　C. 0°～180°　　　　　D. 0°～360°

41. 晶闸管两端并联压敏电阻的目的是实现( )。

　　A. 防止冲击电流　　　B. 防止冲击电压　　　C. 过流保护　　　　　D. 过压保护

42. 下列故障原因中( )会导致直流电动机不能启动。

　　A. 电源电压过高　　　B. 电刷架位置不对　　C. 接线错误　　　　　D. 励磁回路电阻过大

43. ( )以电气原理图,安装接线图和平面布置图最为重要。

　　A. 电工　　　　　　　B. 操作者　　　　　　C. 技术人员　　　　　D. 维修电工

44. 钳形电流表按结构原理不同,可分为互感器式和( )两种。

　　A. 磁电式　　　　　　B. 电磁式　　　　　　C. 电动式　　　　　　D. 感应式

45. M7130 平面磨床的三台电动机都不能启动的原因之一是( )。

　　A. 接插器 X2 损坏　　　　　　　　　　　　B. 接插器 X1 损坏

　　C. 热继电器的常开触点断开　　　　　　　　D. 热继电器的常闭触点断开

46. 自动往返控制线路属于( )线路。

　　A. 正反转控制　　　　B. 点动控制　　　　　C. 自锁控制　　　　　D. 顺序控制

47. 光电开关的接收器根据所接收到的( )对目标物体实现探测,产生开关信号。

　　A. 压力大小　　　　　B. 光线强弱　　　　　C. 电流大小　　　　　D. 频率高低

48. 普通晶闸管的额定电流是以工频正弦半波电流的( )来表示的。

　　A. 最小值　　　　　　B. 最大值　　　　　　C. 有效值　　　　　　D. 平均值

49. 在分析主电路时,应根据各电动机和执行电器的控制要求,分析其控制内容,如电动机的启动、(　　)等基本控制环节。

A. 工作状态显示　　　B. 调速　　　　　　C. 电源显示　　　　　D. 参数测定

50. 三相异步电动机多处控制时,若其中一个停止按钮接触不良则电动机(　　)。

A. 会过流　　　　　　B. 会缺相　　　　　C. 不能停止　　　　　D. 不能启动

51. 一般照明的电源优先选用(　　)V 的电压。

A. 12　　　　　　　　B. 110　　　　　　　C. 220　　　　　　　D. 380

52. 读图的基本步骤有:看图样说明,(　　),看安装接线图。

A. 看主电路　　　　　B. 看电路图　　　　　C. 看辅助电路　　　　D. 看交流电路

53. 电桥使用完毕后,要将检流计锁扣锁上以防(　　)。

A. 电桥出现误差　　　　　　　　　　　B. 破坏电桥平衡

C. 搬动时振坏检流计　　　　　　　　　D. 电桥的灵敏度降低

54. 将一只 1 μF 的电容接在 50 Hz,220 V 交流电源上,通过电容的电流为(　　)mA。

A. 69　　　　　　　　B. 110　　　　　　　C. 170　　　　　　　D. 50

55. 普通拉线开关与地面的夹角不得大于(　　)。

A. 75°　　　　　　　B. 70°　　　　　　　C. 65°　　　　　　　D. 60°

56. 三相异步电动机变极调速的方法一般只适用于(　　)。

A. 笼型式异步电动机　　　　　　　　　B. 绕线式异步电动机

C. 同步电动机　　　　　　　　　　　　D. 滑差电动机

57. 根据电动机自动往返梯形图,下列指令正确的是(　　)。

A. ANDI X003　　　B. ORI Y002　　　C. AND Y001　　　D. LDI X002

58. 下列继电器中,属于保护继电器的是(　　)。

A. 时间继电器　　　　B. 速度继电器　　　C. 热继电器　　　　D. 电流继电器

59. CA6140 型车床控制线路的电源是通过变压器 TC 引入到熔断器 FU2,经过串联在一起的热继电器 FR1 和 FR2 的辅助触点接到端子板(　　)。

A. 1 号线　　　　　　B. 2 号线　　　　　　C. 4 号线　　　　　　D. 6 号线

60. 数字存储示波器的频带最好是测试信号带宽的(　　)倍。

A. 3　　　　　　　　B. 4　　　　　　　　C. 6　　　　　　　　D. 5

61. FX2N 系列可编程序控制器输入隔离采用的形式是(　　)。

A. 变压器　　　　　　B. 电容器　　　　　　C. 光电耦合器　　　　D. 发光二极管

62. 可编程序控制器系统由(　　)、扩展单元、编程器、用户程序、程序存入器等组成。

A. 基本单元　　　　　B. 键盘　　　　　　　C. 鼠标　　　　　　　D. 外围设备

63. 新型光电开关具有体积小、功能多、寿命长、( )、响应速度快、检测距离远以及抗光、电、磁干扰能力强等特点。

A. 耐压高 　　　B. 精度高 　　　C. 功率大 　　　D. 电流大

64. 直流电动机的定子由机座、( )、换向极、电刷装置、端盖等组成。

A. 主磁极 　　　B. 转子 　　　C. 电枢 　　　D. 换向器

65. 软启动器的突跳转矩控制方式主要用于( )。

A. 轻载启动 　　　B. 重载启动 　　　C. 风机启动 　　　D. 离心泵启动

66. 变压器是将一种交流电转换成同频率的另一种( )的静止设备。

A. 直流电 　　　B. 交流电 　　　C. 大电流 　　　D. 小电流

67. 反接制动时,使旋转磁场反向转动,与电动机的转动方向( )。

A. 相反 　　　B. 相同 　　　C. 不变 　　　D. 垂直

68. 疏失误差可以通过( )的方法来消除。

A. 校正测量仪表 　　　　　　　　B. 正负消去法

C. 加强责任心,抛弃测量结果 　　　D. 采用合理的测试方法

69. PLC 梯形图编程时,输出继电器的常开触点在程序中可以使用( )次。

A. 三 　　　B. 二 　　　C. 一 　　　D. 不限

70. 用兆欧表测量前,应将兆欧表保持水平位置,左手按住表身,右手摇动兆欧表摇柄,转速约( )r/min。

A. 60 　　　B. 120 　　　C. 180 　　　D. 240

71. 放大电路设置静态工作点的目的是( )。

A. 提高放大能力 　　　　　　　　B. 避免非线性失真

C. 获得合适的输入电阻和输出电阻 　　　D. 使放大器工作稳定

72. 定子绕组串电阻控制线路主要用于电动机的( )环节。

A. 启动 　　　B. 制动 　　　C. 运转 　　　D. 以上都不对

73. 检查电源电压波动范围是否在 PLC 系统允许的范围内。否则要加( )。

A. 直流稳压器 　　　B. 交流稳压器 　　　C. UPS 电源 　　　D. 交流调压器

74. 过电压继电器接在被测电路中,当一般动作电压为( )U_n 以上时对电路进行电压保护。

A. 0.8 　　　B. 1.05~1.2 　　　C. 0.4~0.7 　　　D、0.1~0.35

75. 晶体管触发电路具有( )特点。

A. 输出脉冲宽度窄,前沿较陡,可靠性较高

B. 输出脉冲宽度宽,前沿较陡,可靠性较高

C. 输出脉冲宽度窄,前沿较陡,可靠性稍差

D. 输出脉冲宽度宽,前沿较陡,可靠性稍差

76. PLC ( )阶段把逻辑解读的结果,通过输出部件输出给现场的受控元件。

A. 输出采样 　　　B. 输入采样 　　　C. 程序执行 　　　D. 输出刷新

77. 为避免( )和数据丢失,可编程序控制器装有锂电池,当锂电池电压降至相应的信号灯亮时,要及时更换电池。

A. 地址 　　　B. 指令 　　　C. 程序 　　　D. 序号

78.职工对企业诚实守信应该做到的是(   )。

A.忠诚所属企业,无论何种情况都始终把企业利益放在第一位

B.维护企业信誉,树立质量意识和服务意识

C.扩大企业影响,多对外谈论企业之事

D.完成本职工作即可,谋划企业发展由有见识的人来做

79.绘制电气原理图时,通常把主线路和辅助线路分开,主线路用粗实线画在辅助线路的左侧或(   )。辅助线路用细实线画在主线路的右侧或下部。

A.上部   B.下部   C.右侧   D.任意位置

80.PLC通过编程可以灵活地改变其控制程序,相当于改变了继电器控制的(   )。

A.主电路   B.自锁电路   C.互锁电路   D.控制电路

二、判断题(正确的打"√",错误的打×,每题1分,满分20分)

(   )1.在有些电子产品的加工过程中,需要使用低温焊锡丝,温度在一百多摄氏度。

(   )2.变压器的绕组可分为壳式和芯式两种。

(   )3.游标卡尺测量前应清理干净,并将两量爪合并,检查游标卡尺的松紧情况。

(   )4.三极管放大区的放大条件为发射结正偏,集电结反偏。

(   )5.FX2N-40ER表示FX2N系列基本单元,输入输出总点数为40,继电器输出方式。

(   )6.分立元件的多级放大电路的耦合方式通常采用阻容耦合。

(   )7.晶体管工作在放大状态时,发射结反偏,对于硅管约为0.7 V,锗管约为0.3 V。

(   )8.最高工作频率是指保证二极管单向导电作用的最高工作频率,若不超过此频率,管子的单向导电性能不受影响。

(   )9.照明灯具使用时要根据安装场所、安装方式、灯泡形状和功率等参数合理选择型号。

(   )10.不管是工作日还是休息日,都穿工作服是一种受鼓励的良好着装习惯。

(   )11.定子绕组串电阻的降压启动是指电动机启动时,把电阻串接在电动机定子绕组与电源之间,通过电阻的分压作用来降低定子绕组上的启动电压。

(   )12.金属线槽的所有非导电部分的金属件均应相互连接和跨接,使之成为一连续导体,并做好整体接地。

(   )13.钢卷尺使用时,拉得越紧,它的测量误差越小。

(   )14.集成运放只能应用于普通的运算电路。

(   )15.负反馈能改善放大电路的性能指标,但放大倍数并没有受到影响。

(   )16.熔断器主要由铜丝、铝线和锡片三部分组成。

(   )17.单相整流电路中整流元件的导通角度为360°。

(   )18.照明电路平灯座上的两个接线桩,其中中心簧片的接线桩应接电源中性线。

(   )19.从仪表的测量对象上分,电流表可以分为直流电流表和交流电流表。

(   )20.钢丝钳(电工钳子)的主要功能是拧螺钉。

操作技能考核模拟试卷

准考证号:＿＿＿＿＿＿＿＿＿＿＿＿ 考生姓名＿＿＿＿＿＿＿＿＿ 工位号＿＿＿＿＿＿＿

试题1:工作台自动往返控制电路安装配线

（一）考核要求

1. 按照试题要求选择元器件并连接控制电路。

2. 接线正确,布置合理美观,接线牢固。

3. 检测考生对工具、仪表的使用能力;检测考生对电力拖动控制线路的安装及调试能力。

4. 调试方法正确,试运行步骤正确,试运行达到控制要求。

5. 安全文明生产。

6. 否定项说明:若考生严重违反安全操作规程,造成人员伤害或设备损坏,应及时终止其考试,考生该题成绩记为零分。

（二）材料与设施设备准备

交流接触器、热继电器、熔断器、按钮、接线端子、电线、行程开关、配电盘、钢丝钳剥线钳、一字螺丝刀、十字螺丝刀、万用表。

（三）考核时限

完成本题操作基本时间为 120 min;每超过 5 min 从本题总分中扣除 2 分。

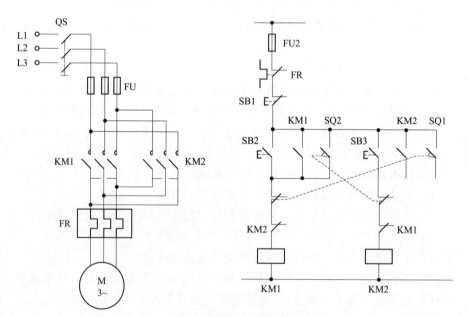

试题2:PLC 控制三相交流异步电动机正反转装调

按照电气安装规范,依据主电路图和绘制的 I/O 接线图正确完成 PLC 控制电动机正反转线路的安装和接线;正确编制程序并输入 PLC 中;通电试运行。

（一）考核要求

熟悉电气控制线路的分析和设计方法；掌握电工基本工具和仪表的使用方法；掌握 PLC 的使用。

（二）准备工作

电工工具、万用表、兆欧表、钳形电流表、三相异步电动机、PLC、计算机、下载线、配线板、组合开关、交流接触器、熔断器、热继电器、按钮、行程开关、导线、号码管、线槽。

（三）考核时限

完成本题操作基本时间为 90 min；每超过 5 min 从本题总分中扣除 2 分。

（四）笔试部分

1. 依据控制要求，在答题纸上正确绘制主电路和 PLC 的 I/O（输入/输出）接线图，并设计 PLC 梯形图。

2. 正确使用工具。简述冲击电钻装卸钻头时的注意事项。

3. 正确使用仪表。简述兆欧表的使用方法。

4. 安全文明生产。在三相五线制系统中应采用保护接地还是保护接零？

5. 笔试部分答题纸

（1）主电路和 PLC 接线图。

（2）PLC 梯形图。

试题 3：LM317 三端可调式正压输出稳压集成电路的安装与调试

按照电路图及电子焊接工艺要求，将各器件安装在印制电路板上。通电试运行，调节 RP1，测输出电压的变化范围。

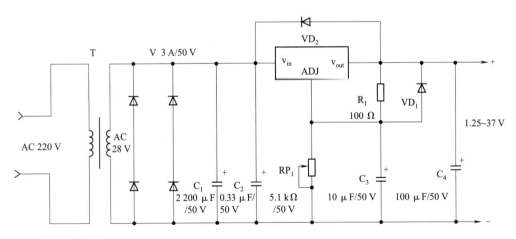

（一）考核要求

熟悉电子电路的识读；掌握电工基本工具和仪表的使用方法；掌握电子元器件检测和电路检修技能。

（二）准备工作

电工工具、万用表、焊接工具、直流稳压电源、信号发生器、LM317 三端可调式正压输出稳压集成电路的电路板及电路图。

（三）考核时限

完成本题操作基本时间为 120 min；每超过 5 min 从本题总分中扣除 2 分。

（四）笔试部分

1. 正确识图。标注整流桥输出端的正、负极性。

2. 正确使用工具。简述电烙铁的使用注意事项。

3. 正确使用仪表。简述使用万用表检测无标志二极管的方法。

4. 安全文明生产。合闸后可送电到作业地点的刀闸操作把手上应悬挂写有什么文字的标示牌？

理论试题精选 1

一、选择题

1. B　2. D　3. C　4. A　5. D　6. C　7. B　8. A　9. B　10. A

11. A　12. A　13. C　14. C　15. B　16. A　17. D　18. B　19. D　20. B

21. C　22. D　23. C　24. B　25. B　26. C　27. A　28. A　29. C　30. C

31. B　32. C　33. D　34. D　35. A　36. C　37. C　38. D　39. D　40. C

41. C　42. D　43. A　44. A

二、判断题

1. √　2. ×　3. √　4. ×　5. ×　6. ×　7. ×　8. √　9. ×　10. ×

11. √　12. ×　13. ×　14. ×　15. √　16. ×　17. ×　18. √　19. ×　20. ×

21. ×　22. ×　23. √　24. ×　25. ×　26. √

理论试题精选 2

一、选择题

1. A　2. A　3. D　4. B A　5. B　6. D　7. B　8. C　9. B　10. B

11. A　12. B　13. D　14. C　15. A　16. B　17. D　18. C　19. A　20. C

21. A　22. A　23. A　24. B　25. A　26. B　27. B　28. D　29. D　30. B

31. A　32. B　33. D　34. A　35. A　36. A　37. A　38. D　39. D　40. B A

41. B　42. D　43. A　44. A　45. C　46. A　47. B　48. B　49. D　50. A

51. C　52. D C　53. A　54. B　55. D　56. D　57. A　58. B　59. D　60. D D D C

61. A B　62. D　63. B　64. B　65. B　66. D　67. C　68. C　69. B　70. C

71. C　72. A　73. D　74. D

二、判断题

1. √　2. √　3. √　4. ×　5. √　6. √　7. √　8. √　9. √　10. √

11. × 12. × 13. × 14. × 15. × 16. × 17. × 18. × 19. × 20. √
21. × 22. × 23. × 24. √ 25. √ 26. × 27. × 28. √ 29. √ 30. ×
31. × 32. × 33. √ 34. √ 35. × 36. × 37. × 38. √

理论试题精选3

一、选择题

1. C A 2. D 3. C D 4. D 5. D 6. A 7. D 8. D 9. D 10. D
11. D 12. A 13. B 14. D 15. D 16. A 17. D 18. D 19. D 20. B
21. A C 22. C 23. B C A 24. B 25. C 26. C 27. D 28. B B 29. D 30. D
31. C 32. A 33. D 34. D A 35. A 36. A 37. A 38. B 39. D 40. C
41. B 42. B 43. C 44. B 45. A 46. A 47. B 48. D 49. D 50. D
51. AD 52. D 53. C 54. A 55. D 56. D 57. D 58. C C 59. C 60. D
61. B 62. D 63. B 64. C 65. B 66. C 67. C 68. C 69. D C 70. D
71. B 72. D 73. C B A 74. B 75. D 76. D 77. B C A 78. C 79. A 80. C
81. D 82. C 83. B A 84. D 85. B 86. A 87. B

二、判断题

1. × 2. × 3. √ 4. × 5. × 6. √ 7. √ 8. × 9. √ 10. ×
11. × 12. √ 13. √ 14. × 15. √ 16. × 17. × 18. × 19. √ 20. √
21. √ 22. √ 23. √ 24. × 25. × 26. √ 27. √ 28. √ 29. √ 30. √
31. √

理论试题精选4

一、选择题

1. D 2. A 3. C B 4. A 5. A 6. C 7. A 8. A 9. C 10. A D
11. C 12. B 13. B 14. B 15. A B 16. C 17. C D 18. B 19. B 20. A
21. C 22. A 23. B 24. B D 25. B A 26. D 27. A 28. C 29. D 30. A
31. B 32. A 33. A 34. B 35. A 36. D 37. A 38. B 39. D A 40. B
41. A 42. C C 43. B 44. A 45. D 46. D 47. B 48. C 49. C C B 50. B
51. C 52. A 53. D 54. B 55. B A 56. C 57. A B 58. B 59. C 60. D
61. D 62. A 63. D 64. A 65. B 66. C 67. C 68. C 69. C 70. A
71. D 72. A 73. B 74. D 75. B 76. C 77. A 78. B A D C
79. C C B A 80. D

二、判断题

1. √ 2. √ 3. √ 4. × 5. √ 6. √ 7. √ 8. × 9. × 10. √
11. √ 12. × 13. √ 14. × 15. √ 16. √ 17. × 18. × 19. × 20. √
21. √ 22. √ 23. × 24. × 25. √ 26. √ 27. × 28. × 29. × 30. ×
31. √

理论试题精选 5

一、选择题

1. A	2. D	3. C C	4. B A	5. A A B B	6. A	7. D	8. D	9. C	10. C
11. A	12. C	13. A	14. C	15. A	16. A	17. C	18. C	19. B A	20. A
21. C	22. A	23. A	24. C	25. A	26. A	27. A	28. C A	29. A	30. A
31. C	32. D	33. D	34. B	35. A	36. A	37. B	38. A	39. A	40. C
41. C	42. D	43. D	44. B	45. C	46. C	47. A B	48. D	49. A	50. B
51. A	52. C	53. C	54. C	55. A	56. D	57. A	58. C	59. A	60. A
61. C	62. B	63. A	64. D	65. B	66. C	67. B	68. D	69. D	70. A

二、判断题

1. × 2. × 3. √ 4. × 5. × 6. × 7. √ 8. √ 9. × 10. √
11. √ 12. √ 13. × 14. √ 15. × 16. √ 17. √ 18. √ 19. × 20. √

理论试题精选 6

一、选择题

1. C	2. B	3. B	4. C	5. A	6. C	7. C	8. A C	9. D	10. A
11. D	12. B B	13. C C	14. B	15. D	16. C	17. C	18. D	19. C	20. B
21. B	22. B	23. A	24. A	25. B	26. A	27. D C	28. C	29. D	30. B
31. D	32. C	33. C	34. C	35. A	36. A	37. B	38. B	39. C	40. A
41. A D B	42. C	43. A	44. B	45. A	46. C	47. B	48. A	49. A	50. A
51. A B	52. D C	53. C D D	54. B	55. D C A D	56. D	57. D	58. A	59. D	
60. D	61. B	62. D	63. D	64. D	65. B	66. D	67. B	68. D	
69. D	70. A	71. B	72. C	73. C	74. D				

二、判断题

1. × 2. × 3. √ 4. × 5. × 6. √ 7. × 8. × 9. × 10. √
11. × 12. √ 13. × 14. × 15. × 16. √ 17. √ 18. √ 19. √ 20. ×
21. × 22. × 23. √ 24. × 25. √ 26. √ 27. √ 28. × 29. × 30. ×
31. √

理论试题精选 7

一、选择题

1. A	2. A	3. A	4. C	5. C	6. C	7. A	8. D	9. C B	10. A
11. B	12. C	13. C	14. D	15. C	16. B	17. C	18. C	19. B	20. C
21. D	22. C	23. A	24. A	25. A	26. A	27. C	28. A B	29. C D	30. A

31. C　32. A　33. A　34. C　35. B　36. A　37. B　38. C　39. C　　40. B
41. B　42. B　43. A　44. A　45. C　46. D

二、判断题

1. √　2. ×　3. ×　4. ×　5. √　6. ×　7. ×　8. √　9. ×　10. ×
11. ×

理论试题精选8

一、选择题

1. B D A　2. C　3. A　4. C　5. B　6. D　7. C　8. B C　9. C　10. B A
11. C　12. A　13. B　14. A　15. C D　16. C　17. D　18. D　19. D　20. B
21. A　22. C　23. D A　24. B A　25. B　26. D　27. D　28. B A　29. D C
30. C　31. A　32. D　33. A　34. C　35. D　36. B　37. B　38. C
39. A　40. B A D　41. C　42. C A

二、判断题

1. ×　2. √　3. ×　4. ×　5. √　6. √　7. ×　8. ×　9. √　10. √
11. ×　12. ×　13. ×　14. ×　15. ×　16. ×　17. √　18. √　19. √　20. √
21. ×　22. ×　23. ×　24. ×　25. √　26. ×　27. √　28. √　29. ×　30. √
31. √　32. ×　33. √

理论试题精选9

一、选择题

1. D D　2. C　3. B　4. C　5. D　6. D　7. B　8. B　9. A　10. D
11. B　12. C B　13. B A　14. A　15. A A　16. C　17. D　18. C　19. C A　20. A B
21. B　22. A　23. A　24. B　25. C　26. D　27. A　28. B　29. B　30. A
31. C　32. A　33. C

二、判断题

1. ×　2. ×　3. √　4. ×　5. √　6. ×　7. √　8. ×　9. √　10. ×
11. ×　12. √　13. √　14. √　15. √　16. ×　17. √　18. ×

理论试题精选10

一、选择题

1. D　2. B A D C　3. C　4. A　5. D C　6. C　7. D　8. A　9. B
10. A　11. A　12. A　13. A　14. B　15. A　16. B　17. C C
18. B　19. D　20. A　21. D　22. D C　23. D　24. A　25. B
26. B　27. A　28. A　29. B　30. D D　31. C　32. B　33. D
34. D C　35. C

二、判断题

1. √ 2. × 3. √ 4. × 5. × 6. × 7. × 8. × 9. √ 10. √

11. √ 12. √ 13. ×

理论试题精选 11

一、选择题

1. A	2. B	3. D	4. A	5. C	6. B A	7. B D	8. A	9. B	10. C
11. C	12. C	13. D	14. D	15. D	16. C D B	17. D	18. A	19. C	20. D
21. A	22. C	23. A	24. B A	25. D C A B	26. C A D	27. B B	28. B	29. A B	
30. D	31. A D	32. C C	33. B	34. C	35. B B	36. D	37. C C B		38. D
39. C	40. D A	41. B	42. D A	43. C	44. B	45. A	46. D	47. C	
48. D	49. A	50. D	51. C	52. B	53. C	54. C	55. B	56. C	
57. D	58. D	59. A	60. A	61. A A	62. D	63. B	64. C	65. B	
66. C	67. C	68. D	69. A	70. D	71. C	72. C	73. A	74. A	
75. D	76. C	77. A	78. A	79. B	80. D				

二、判断题

1. × 2. × 3. × 4. × 5. × 6. × 7. √ 8. × 9. √ 10. ×

11. × 12. × 13. × 14. √ 15. × 16. √ 17. × 18. × 19. × 20. √

21. √ 22. × 23. √ 24. × 25. √ 26. √ 27. √ 28. √

理论考核模拟试卷

一、选择题

1. A	2. B	3. A	4. C	5. C	6. A	7. D	8. B	9. A	10. B
11. C	12. C	13. B	14. B	15. A	16. C	17. B	18. B	19. A	20. A
21. C	22. B	23. C	24. C	25. C	26. A	27. A	28. A	29. C	30. A
31. B	32. A	33. B	34. D	35. D	36. A	37. C	38. D	39. D	40. C
41. D	42. C	43. D	44. B	45. D	46. A	47. B	48. D	49. B	50. D
51. C	52. B	53. C	54. A	55. D	56. A	57. A	58. C	59. D	60. C
61. C	62. A	63. B	64. A	65. B	66. B	67. A	68. C	69. D	70. B
71. B	72. A	73. B	74. B	75. B	76. D	77. C	78. B	79. A	80. D

二、判断题

1. √ 2. × 3. × 4. √ 5. × 6. √ 7. × 8. √ 9. √

10. × 11. √ 12. √ 13. × 14. × 15. × 16. × 17. × 18. ×

19. × 20. ×

参考文献

［1］赵卿.电工(基础知识)［M］.北京:中国劳动社会保障出版社,2022.

［2］王宏,展鹏.电工(中级)［M］.北京:中国劳动社会保障出版社,2022.

［3］王兆晶,阎伟.电工(中级)［M］.北京:机械工业出版社,2022.

［4］张凤杰,孙秀延.变频器技术与应用［M］.北京:中国铁道出版社有限公司,2019.

［5］王建,雷云涛.维修电工职业技能鉴定考核试题库［M］.北京:机械工业出版社,2016.

［6］苗玲玉,孙秀延.电气控制技术［M］.北京:机械工业出版社,2020.